일러두기

이 책에 나오는 식물 이름은 국가표준식물목록 www.nature.go.kr/kpni/index.do 을 기준으로 정리했습니다.

식물 관련 용어는 한글로 풀어 쓴 용어와 통용되는 한자 용어를 함께 사용했습니다.

…잎 저물을 찾아 떠나는 겨울 숲·글과 사진 송영래

겨울
나무
의
시간

목수책방
木水冊房

들어가는 글

뭇 생명의 흔적을 찾아 떠나는 겨울 숲

새로운 시선으로 나무와 숲 바라보기

"겨울에도 어떤 나무인지 구별하는 방법이 있다고요?
잎도 없고 꽃도 없는 앙상한 나무를 보고 어떻게 알아보지요?"

나무는 여름에는 푸른 잎으로 영양분을 만들어 열심히 살다가 겨울이 되면 그 잎을 떨구고 본연의 모습으로 쉬는 시간을 갖습니다. 그때쯤이면 산 능선에는 겨울나무만이 만들 수 있는 '산결'의 모습이 나타나기 시작합니다. '산결'은 이제 겨울이 되었다는 사실을 알려 주는, 산이 보내는 은밀한 속삭임입니다. 산의 부름을 받은 저는 겨울 숲의 생명들을 만나기 위해 루페확대경와 카메라를 들고 산으로 향합니다. 쌉쌀하고 매콤한 공기를 느끼고 나뭇잎이 떨어져 넓어진 숲속 공간 안쪽 깊숙한 곳을 바라보며 걷습니다. 걸으면 걸을수록 올라가는 체온의 따뜻한 느낌 때문에 상쾌해지는 기분이 참 좋습니다. 겨울 숲 산책은 숲의 뭇 생명이 남기고 간 흔적들을 살피며 그들의 삶을 상상해 보는 즐거움에 흠뻑 빠져들게 합니다.

나무의 가지 끝에는 내년을 준비하는 '눈'이 있습니다. 바로 '겨울눈

冬芽'입니다. 그곳에서 뻗어 나온 가지는 또다시 겨울눈을 만들고 다양한 흔적을 남겨 놓습니다. 우리는 그 흔적을 관찰하고 익혀서 겨울에도 어떤 나무인지 구별합니다. 알고 보면 겨울눈으로 구별하는 것은 짧은 시간 동안 피었다 사라지는 꽃이나, 변이가 많은 나뭇잎, 그리고 환경에 따라 변화가 심한 줄기와 가지를 보고 어떤 나무인지 구별하는 것보다 훨씬 쉽습니다. 겨울나무는 나무의 생태를 이해하는 데도 도움이 됩니다. 겨울나무 공부의 문을 처음으로 열어 준 우종영 선생님은 "겨울눈은 가지 끝에 뿌려진 씨앗과 같다"고 했습니다. 씨앗에서 싹이 움터 줄기를 만들고, 그 줄기에서 가지를 뻗어 열매를 맺는 과정처럼, 나무의 겨울눈에서도 싹이 터서 가지가 되고, 꽃이 되고, 열매가 되기 때문에 그렇게 표현한 것 같습니다.

저는 이 책을 '호기심' 때문에 쓰게 되었습니다. (사)한국숲해설가협회의 심화 과정인 '겨울 숲 바라보기'에서 10여 년 동안 겨울나무 상의를 하며 겨울나무의 생태와 겨울 숲을 함께 이해할 수 있는 구체적이고 쉬운 자료가 더 있었으면 좋겠다는 생각을 많이 했습니다. 그래서 도감에 있는 내용과 제가 직접 관찰하며 기록한 내용을 바탕으로 겨울 숲에서 볼 수 있는 나무들의 흔적에 관한 이야기와 겨울 숲에서 느낄 수 있는 아름다움을 이렇게 정리해서 책으로 내놓게 되었습니다. 책의 구성은 다음과 같습니다. 1장에서는 겨울 숲의 아름다움에 관한 생각을 사진과 함께 실었고, 2장에서는 추위에 대비하기 위한 나무의 전략과 겨울나무를 관찰하는 방법을 자세하게 정리해 보았습니다. 3장 '위로의 숲'에서는 중부지방의 동네 뒷산에서 흔히 볼 수 있는 22종의 나무가 겨울에 어떤 모습을 하고 있는지를 설명합니다. 4장 '공존의 숲'에서는 수리산에서 볼 수 있는 19종의 나무, 5장 '동행의 숲'에서는 북한산 영봉에 오르며 만날 수 있는 18종의 나무, 6장 '만남의 숲'에서는 북한산 대성문에서 위문까지 주 능선을 걸으며 관찰할 수 있는 19종의 나무 이야기를 풀어냅니다. 책에 등장하는 총 78종의 나무에 관한 이름의 유래는 물론, 1년생 가지에 있는 흔적과 겨울눈의 모양, 그 겨울눈이 봄에 어떻게 변하는지 그 과정도 세세하게 사진에 담아 함께 실었습니다. 그리고 《수목생리학》의 내용을 참고해 겨울 숲에서 만난 나무가 살면서 몸에 새긴 여러 흔적들의 의미를 살펴보았고, 겨울나무와 더불어 살아가는 여러 곤충과 새에 관한 이야기도 실었습니다. 7장에서는 겨울나무가 어려운 환경이지만 무사히 쉬는 시간을 마치고 봄을 맞아 싹을 틔우고 꽃을 피우는 과정을 짧은 글과 사진으로 보여 줍니다.

이 책에 기록한 78종의 나무들은 산에 사는 수많은 나무 중 중부지방에서 흔히 관찰되고, 등산로 주변에서 쉽게 볼 수 있습니다. 개인적인 기준으로 선택한 나무들이지만, 사실 이 정도의 나무들만 구별할 수 있어도 겨울에 가지만 남아 있는 주변의 나무를 보고 이름을 불러 주고, 나무가 겨울에 어떻게 살아가는지를 이해하는 데 어려움이 없을 것이라 생각합니다. 제가 관찰하고 기록한 나무가 다른 지역이나 환경에서는 조금 다른 모습으로 관찰될 수도 있다는 점을 미리 밝혀 둡니다.

이 책에 수록된 700여 장의 사진을 보면 금방이라도 살아 움직일 것 같은 생명력과 사랑스러움을 느낄 수 있을 것입니다. 왜냐하면 모든 사진이 나뭇가지를 잘라서 연출하여 찍은 사진이 아니고 한 장 한 장 현장에서 직접 찍은 사진이기 때문입니다. 얇은 가지 한 가닥, 작은 겨울눈 하나라도 떨어질까 조심하며 카메라에 담았습니다. 새끼손톱보다도 작은 겨울눈을 한겨울에 현장에서 접사 촬영한다는 것이 얼마나 고된 일인지 경험을 해 본 분들은 잘 알 것입니다. 그러나 겨울나무를 사랑하는 사람이라면 하나의 가지와 겨울눈이 나무의 미래라는 것을 늘 마음속에 담고 있습니다. 겨울눈의 오묘한 모양과 그 겨울눈에서 싹이 돋아나는 순간을 촬영하는 일은 경이로움 그 자체입니다. 그래서 결과적으로 촬영하는 과정에서 힘들고 어려웠던 기억들이 오히려 멋진 추억으로 남았습니다. 여러분도 제가 겨울나무를 보며 느꼈던 감정을 꼭 느껴 보았으면 좋겠고, 제가 사랑하는 겨울 숲에 여러분도 꼭 초대하고 싶습니다.

이 책은 겨울 산을 좋아하는 사람들과 겨울나무를 공부하려는 사람들이 새로운 관점으로 숲과 나무를 바라보는 데 도움이 되기를 바라며 썼습니다. 겨울 산을 찾는 사람들이 책에 나오는 나무들을 알아보고 눈을 맞추며 인사하면서 즐겁게 산행을 할 수 있다면 더할 나위 없겠습니다. 작디작은 겨울눈을 보며 감탄하는, 그런 소소한 일에서도 진정한 행복을 느낄 수 있으니까요.

저의 소망이 담긴 책이 세상에 나올 수 있게 해 준 목수책방 전은정 대표에게 먼저 감사의 말을 전합니다. 그리고 카메라를 들고 겨울 산을 헤맬 때 동행해 주고 아낌없는 조언을 해 준 분들, 포기하고 싶을 때 용기를 북돋아 주고 다양한 방법으로 도움을 준 (사)한국숲해설가협회 '겨울 숲 바라보기' 선생님들, 그리고 처음으로 겨울나무 공부를 했던 곳이자 친정집 같은 '겨울나무 사랑' 선생님들, 영원한 동지인 '산들레생태연구회' 선생님들에게도 지면을 빌어 고맙다는 말을 하고 싶습니다. 마지막으로 이 모든 활동을 묵묵히 지켜보며 아낌없이 응원해 준 사랑하는 남편, 지은이와 지영이에게도 고맙습니다.

2022년 12월

칠보산을 바라보며 청미래 손종례

contents

들어가는 글   뭇 생명의 흔적을 찾아 떠나는 겨울 숲   4

첫 번째 시간   **겨울 숲,
숨은 아름다움을 찾아서**

산결   겨울나무가 만드는 풍경   16
임태   생명을 품은 겨울나무   19
점   생명의 시작, 겨울눈   21
선   편안함 또는 망설임   23
비움   비워야 비로소 보이는 것들   25
틈   삶의 터전   28
온기   생명을 보듬는 겨울 숲   30
플랜B   쪽동백나무의 지혜   32
동그라미   아름다운 세상을 위하여   34
동행   겨울을 기다리는 사람들   36

두 번째 시간   **겨울나무 바라보기**

다음 해를 준비하고 추위에 대비하는 나무의 전략   40
겨울눈 · 낙엽 · 순화 · 물 빼기 · 설탕 채우기

겨울나무 자세히 들여다보는 방법   48
모양 · 수피 · 껍질눈 · 가지 뻗음 · 1년생 가지 · 장지와 단지
흔적 · 색깔 · 털 · 가시 · 덩굴손 · 겨울눈

세 번째 시간   **위로의 숲**
　　　　　　　마을 뒷산인 칠보산에서 시작하다

숲으로 오라고 손짓하는 빛살		88
등나무　숲길을 밝히는 햇불 같은 겨울눈		92
개암나무　동그랗고 길쭉한 겨울눈과 선모가 있는 가지		94
국수나무　곁눈 아래 세로덧눈		98
붉은머리오목눈이　숲속의 요정		100
밤나무　삐딱하게 달려 있는 겨울눈		103
콩배나무　콩알 같은 배가 열리는 나무		106
칠엽수　빨간 막대사탕 같은 겨울눈		108
목련　회색 털로 뒤덮인 꽃눈과 잎눈		110
복사나무　색깔이 특별한 1년생 가지		112
층층나무　꽃보다 잎		115
리기다소나무　긴 원통 모양을 한 적갈색 겨울눈		120
아까시나무　겨울눈 숨기기 대장		122
찔레꽃　쌀알 같은 빨간 겨울눈		125
산초나무　굵은 줄기와 1년생 가지의 가시 모양이 다른 나무		128
누리장나무　익살스러운 모양의 잎 떨어진 흔적		130
떡갈나무　누런 털에 덮인 굵은 가지와 겨울눈		132
붉나무　잎 떨어진 흔적이 독특한 개성파 나무		134
청미래덩굴　잎자루 속에서 겨울을 나는 겨울눈		138
개옻나무　맨눈이 펼쳐지면 나오는 가지와 잎		140
진달래　진갈철모, 진위철중, 진지철쭉		142
물오리나무　다양한 모습으로 존재감을 드러내는 겨울눈		144
작살나무　맨눈으로 추위를 이겨 내다		146
생강나무　관찰의 즐거움을 알게 해 주는 나무		148
숲속의 보물들　칠보산과 더불어 살아가는 생명들		152

네 번째 시간

공존의 숲
수리산에서 나무가 남긴 삶의 흔적을 만나다

양보·배려·존중, 함께 살아가는 나무들이 만든 하늘길		158
풍게나무	나비와 함께	162
때죽나무	다양한 생명을 먹여 살린다	165
옹두리와 옹두라지	스스로를 치료하는 나무	168
피소 현상	줄기의 밑동이 파인 나무	171
참개암나무	누운 털이 빽빽이 난 가지와 겨울눈	174
박쥐나무	박쥐 날개 같은 잎	177
신나무	나무를 위한 배려	180
까치박달	유난히 뾰족한 겨울눈	182
고로쇠나무	줄기를 비틀며 자란 나무	184
잣나무	겨울에도 푸르른 나무	186
장수옹달샘	다양한 나무의 삶터	188
개살구나무	봄에 켜지는 꽃송이 불빛	190
올괴불나무	제일 먼저 꽃을 피우겠다는 야심만만한 계획	192
굴참나무	껍질에 깊은 골이 패어 있는 나무	195
물박달나무	나이에 따라 수피가 변하는 나무	198
갈참나무	겨울에도 달고 있는 회갈색 잎	200
쓰러진 나무와 경사지의 나무	숲의 또 다른 풍경	202
느릅나무	고깔모자를 쓴 요정 같은 겨울눈	206
피나무	아기를 업은 겨울눈	208
찰피나무	질이 좋은 나무껍질	211
굴피나무	겨울에도 달려 있는 열매	214
헛개나무	술을 헛것으로 만든다는 나무	216
초피나무	마주난 가시	219
비목나무	주먹 쥐고 만세!	222

다섯 번째 시간

동행의 숲
함께 북한산 영봉에 오르다

겨울나무를 만나러 숲에 드는 사람들	226
숲의 옷　나무 공동체가 만든 공간	228
병꽃나무　'숲의 옷'을 이루는 한 자락	232
덜꿩나무　유난히 많은 보들보들한 털	234
소태나무　주먹 쥔 손을 감싼 모양의 겨울눈	236
함박꽃나무　비밀스러운 선	238
다래류　흔적 없이 숨어 있다 살며시 나타나는 겨울눈	240
고추나무　지저분한 줄기	242
노린재나무　따뜻한 온기가 느껴지는 나무	244
고광나무　고양이 눈을 한 겨울눈	246
물오리나무　지혜로운 선택	248
쪽동백나무　껍질을 벗는 나무	251
매화말발도리　바위를 사랑하는 나무	254
산행이 힘들 때　나무에 눈길을 주자	256
팥배나무　변신의 귀재	257
신갈나무　능선부의 터줏대감	262
철쭉　꽃 같은 잎	266
미역줄나무　왜 이런 이름이 붙었을까?	268
코끼리바위　바위 구경 대신 코끼리 등에 타다	270
영봉　산악인들의 영혼이 편히 쉬는 곳	274
털개회나무　진한 향기로 피어나다	276
개박달나무　바위의 짝꿍	280
참조팝나무　참 예쁜 열매 흔적	282
하산하는 길　스틱과 함께	284
인수봉　그 신비한 얼굴	286
겨울나무 공부　무거운 발걸음, 가벼운 마음	288

여섯 번째 시간

만남의 숲
북한산 '산결'을 따라 걷다

'산결'을 만드는 겨울나무	290
회나무　창槍 같은 겨울눈	292
산사나무　대성문 안을 지킨다	294
광대싸리　불꽃 터지듯 뻗는 가지	296
털개회나무　자연이 만든 향수	298
짝자래나무　가시 달고 보초 서는 나무	300
마가목　말馬의 이牙를 닮은 새싹	302
산벚나무　산성의 봄맞이	304
상록수 대 낙엽수　각자의 방식으로 겨울나기	306
노박덩굴　성벽 안을 살피는 정탐꾼	308
졸참나무　나라 지키는 데 졸병이면 어떠하리	312
자유생장과 고정생장　1년 동안 나무가 성장하는 방식	314
겨울 숲의 노래　바람 소리도 가지각색	316
산딸나무　최고의 개성파 나무	318
자주조희풀　산성을 지키다가 백전노장이 된 나무	322
눈 오는 날의 산행　겨울 숲에서 만난 눈雪과 눈芽	324
참빗살나무　반달 모양 잎 떨어진 흔적	328
고로쇠나무　수액 채취는 멈추어야 한다	330
귀룽나무　일찍 자고 일찍 일어난다	334
중국굴피나무와 네군도단풍　북한산장터 주변의 아름드리나무	338
인수봉과 만경대　북한산 주 능선 길의 백미	340
물푸레나무　왕관 모양의 겨울눈	342
까막딱따구리　검은 망토를 입고	344
당단풍나무　겨울에도 잎을 달고 있는 나무	347
시닥나무　꽁꽁 언 볼처럼 빨간 겨울눈	350
산앵도나무　카멜레온같이 색이 변하는 나무	352
백운대　거대한 알몸을 드러내다	354

일곱 번째 시간

겨울눈,
바람과 만나 봄이 되다

겨울눈을 깨우는 바람   360

꽃눈이 먼저 깨어나다   362

생강나무 · 진달래 · 개암나무 · 까치박달 · 물오리나무

맨눈에서 잎을 그대로 펼치다   368

가래나무 · 소태나무 · 쪽동백나무

턱잎을 다시 보다   372

시닥나무 · 고로쇠나무 · 당단풍나무 · 목련 · 일본목련

찰피나무 · 풍게나무

눈비늘이 열리면 싹이 나고 꽃이 핀다   380

박쥐나무 · 음나무 · 다릅나무 · 마가목 · 떡갈나무

아까시나무 · 말발도리 · 찔레꽃 · 가죽나무

층층나무 · 두릅나무 · 신갈나무 · 왕머루 · 은행나무

참고문헌   395

나무 찾아보기   396

첫 번째 시간

겨울 숲, 숨은 아름다움을 찾아서

산결

겨울나무가 만드는 풍경

겨울이 되면 산에 비밀스럽게 나타나는 굵은 선線이 있다. 오로지 겨울 산과 겨울나무만 만들어 낼 수 있는 선이다. 문득 쳐다본 산등성이에 슬그머니 이 선들이 나타나면 겨울이 우리 곁에 다가와 있음을 실

감한다. 나무는 겨울이 되면 모든 것을 떨구고 산을 지킨다. 이런 겨울나무들이 모여 선을 그려 내고 아름다운 풍경을 연출한다. 물 표면이 올라갔다 내려왔다 하는 모양을 '물결'이라고 하듯, 산등성이를 따라 이어진 능선에서 자라는 나무들이 말갈기 같은 모양으로 올라갔다 내려갔다 하며 만들어 내는 곡선을 겨울나무를 사랑하는 사람들은 국어사전에도 없는 단어인 '산결'이라 부른다.

'산결'의 질감은 능선에서 자라는 나무의 종류에 따라 다르다. 겨울에도 푸른 잎을 달고 있는 소나무는 굵은 붓에 먹물을 묻혀 굵고 힘차게

그려 낸 띠 모양으로 펼쳐진다. 주로 높은 산에 올라야 볼 수 있는 이 선들은 때로는 격하게, 때로는 부드럽게 초원을 달리는 야생마같이 주 능선이 갈래 능선을 만들며 달리다가 들판에 도달하면 큰 숨을 내뱉고 사그라진다.

낙엽이 진 활엽수가 만든 선은 가는 심의 연필로 한 줄 한 줄 쓱쓱 그어 내려간 선 모양으로 부챗살을 펼쳐 놓은 듯하다. 그 무채색의 선 사이로 파란 하늘이 보이기도 하고, 석양이 질 때면 검은 선 사이로 검붉은 빛이 새어 들어오기도 한다.

'산결'의 세로 높낮이는 나무가 자라는 환경에 따라 다르다. 설악산이나 북한산 같은 높은 산의 나무들은 산골이 깊고 척박한 환경과 모진 바람의 영향으로 나무의 키가 작게 자라기 때문에 짧은 말갈기 모양을 만들고, 동네 야산 같은 낮은 산의 능선은 비교적 키가 큰 나무 때문에 긴 말갈기 모양의 산결이 나타난다.

겨울이 오면 산에 오르거나 들판을 걸을 때, 가끔 산 능선을 바라보았으면 한다. 흩어지고 중첩되며 그려 내는 농담濃淡의 선에 관심을 가지면 겨울 산의 신비로운 매력에 푹 빠져들 수 있고, 겨울이 조용히 오고 가는 것을 느낄 수 있을 것이다.

동네 숲 능선의 나무들은 비교적 키가 크기 때문에 산결이 긴 말갈기 같다.

잉태

생명을 품은 겨울나무

긴 산행을 마치고 지친 몸으로 전철을 이용할 때면 자리에 앉고 싶은 마음이 절로 든다. 하지만 전철에서 아무리 다리가 아프고 피곤해도 앉을 수 없는 빈자리가 있다. 바로 임산부 배려석이다. 어느 역을 지날 때쯤 젊은 여자가 그 자리에 조심스럽게 앉았다. 배가 많이 부른 모습은 아니었지만 분홍색 임산부 모양 열쇠고리가 가방에 달려 있었다. 아이를 가진 엄마라는 표식이다.

겨울나무의 1년생 가지는 임신한 엄마와 같다. 엄마가 태아를 위해 건강을 챙기고 몸을 보호하는 것처럼 1년생 가지도 추위에 대비해 따뜻한 털로 감싸고, 눈과 비에 젖지 않게 비늘 같은 껍질을 만들고, 곤충에 먹힐까 끈적한 물질로 덮어 놓은 겨울눈을 소중히 붙들고 있다.

임신한 엄마는 아기의 미래를 위해 많은 계획을 세운다. 겨울나무의 가지도 봄에 깨어날 싹을 위해 생각하고 또 생각한다.

꽃을 먼저 피우는 눈은 언제 틔울까? 가지의 싹은 언제 내보낼까? 잎은 이쪽 것을 크게 할까, 저쪽 것을 크게 할까? 가지는 길게 뻗을까? 짧게 뻗을까? 이쪽으로 뻗을까? 아니야, 이쪽은 형제 가지들과 다툼이 벌어질지도 몰라.

이렇게 새로운 생명을 품은 겨울나무의 1년생 가지는 나무의 미래를 염려하며 긴긴 겨울 동안 희망에 부풀어 꿈을 꾸고 있을 것이다.

점

생명의 시작, 겨울눈

캐나다의 그림 작가인 피터 H. 레이놀즈의 《점》이라는 그림책을 인상 깊게 읽은 적이 있다. 책의 내용은 이렇다. 선생님은 스스로 그림을 못 그린다고 생각하는 베티라는 여자아이가 연필을 잡고 도화지 위에 힘껏 내리꽂은 점 하나를 금테 액자에 넣어 책상 위에 걸어 놓는다. 그 번쩍거리는 액자 안에는 작은 점 하나만 있었다. 베티가 내리꽂은 바로 그 점 말이다. "흥! 저것보다 훨씬 멋진 점을 그릴 수 있어!" 베티는 이제껏 한 번도 써 본 적 없는 수채화 물감을 꺼냈다. 그리고 점들을 그리기 시작했다. 그림책에서 이렇게 그린 베티의 다양한 점들은 훌륭한 그림이 된다. 동그란 점, 길쭉한 점, 뾰족한 점, 넓적한 점. 베티는 다양한 도구를 사용해 다양한 모양의 점을 그렸다. 뾰족한 연필, 두꺼운 붓, 뭉뚝한 크레파스 등을 이용해 붉은색, 자주색, 초록색, 갈색 등 형형색색으로 점을 칠했다.

겨울나무를 보면서 베티가 그린 다양한 모양과 질감, 색을 지닌 '점'이 떠올랐다. 겨울나무에 있는 있는 동그란 점은 나무가 내년을 위해 응축시켜 만든 겨울눈이다. 겨울눈은 하나의 세계다. 이 세계는 꿈틀거리는 생명의 시작이다. 응축된 점은 선이 되어 뻗어 나가는 순간을 기다린다. 봄이 되어 뻗어 나온 가지는 생동감이 느껴진다. 촉촉한 선은 길어지고 단단해지며 1년 동안 나무를 위해 잎을 달고, 꽃을 피우고, 열매를 맺는다. 그리고 또 새로운 점들을 만들 것이다.

선으로 뻗어 나간 가지에 나이테가 더해져 면으로 굵어지면 나무는 비로소 나무다워진다. 피터 레이놀즈의 《점》에서 선생님의 남다른 시선과 기다림, 그리고 응원이 베티의 '점' 하나를 훌륭한 그림으로 만들어 준 것처럼, 바람과 태양, 비와 눈의 격려로 나무는 점에서 시작되어, 선으로 뻗어 나간다.

선

편안함 또는 망설임

숲은 여름에는 초록, 가을에는 단풍이 든 잎의 색으로 채워져 면으로 보이지만, 겨울이면 잎이 떨어진 빈 공간에 그동안 보이지 않던 다양한 선이 나타난다. 그곳에서 가장 먼저 눈에 들어오는 것은 눈높이에 닿는 굵은 줄기와 한참 자라나는 어린나무가 만들어 놓은 직선이다. 직선 속의 나이테는 해마다 굵어지며 연륜이 쌓여 간다. 이렇게 쌓인 연륜 속에는 바람 소리, 새 소리, 물소리, 빗방울 소리, 지나가는 들짐승의 숨소리가 새겨져 있다. 그런 소리는 모든 생명을 품는 아량이 있다. 줄기에서 세월의 무게가 전해지고 안정감과 편안함이 느껴지는 이유다. 오래된 나무를 마주하면 안아 주고 자연스럽게 안부를 묻게 된다. 내가 팔을 뻗어 안아 준다고 말하지만, 정작 나를 감싸고 내 등을 토닥여 주는 것은 나무다. 줄기에서 느껴지는 직선의 듬직함과 편안함이다.

줄기에서 갈라진 가지는 곡선이다. 직선의 욕망은 하늘에 빨리 닿으려는 것이지만, 곡선은 이 욕망을 표현하는 것을 망설인다. 숲은 혼자만 사는 공간이 아니어서 나무는 살기 위해 어떻게든 틈새를 찾아야 한다. 겨울눈은 그 틈새를 찾기 위한 망설임으로 가득하고, 그 결과는 곡선으로 나타난다.

곡선은 젊은이의 모습을 연상시킨다. 곡선은 다양한 시도다. 봄 햇살에 내놓은 싹은 점점 가지로 변하여 드넓은 창공을 향해 돌진한다. 힘차게 뻗어 가는 모습은 열정과 패기로 가득 찬 젊은이의 모습과 같다. 망설임의 다음 단계는 망설임 '없음'이다. 직선은 곡선을 받쳐 주고, 곡선은 직선을 믿는다. 그 믿음으로 곡선은 다양한 시도를 하며 꽃을 피우고 열매를 맺는다. 겨울 숲은 다양한 선으로 가득하다.

비움

비워야 비로소 보이는 것들

열대지방의 숲이 늘 푸르고 시끌벅적한 숲이라면, 추운 지방의 숲은 침묵의 숲이고, 우리나라가 속해 있는 온대지방의 숲은 계절별로 변화하는 숲이다. 봄은 만물이 소생하는 시기로, 봄 숲에서는 막 피어난 연한 잎과 꽃이 무리지어 다니며 짝을 찾는 노래를 부르는 새들과 함께 어우러진다. 점점 녹음이 짙어지는 여름 숲은 몸을 불리는 아기 열매들, 해마다 찾아와 번식을 하는 여름 철새들, 짝짓기를 하는 곤충들 때문에 분주해진다. 가을 숲에서는 저마다의 모양으로 풍성하게 익은 열매들이 대를 이어야 하는 소명을 받들어 떠나고, 단풍이 들어 화려해진 잎들은 하나둘 떨어지며 숲을 비우기 시작한다. 겨울이 찾아오면서 겨울나무 가지 사이로 보이는 하늘도 넓어지고, 나뭇잎의

1 고라니 똥. 2 붉은머리오목눈이 둥지. 3 쇠박새. 4 무당거미 알집.

저항이 사라진 바람길 또한 더 자유로워진다.

그 공간 속 멀리서 조심스럽게 움직이는 동물이 보인다. 인기척만 느껴도 경중경중 달아나는 고라니가 먹이가 될 만한 것을 찾았는지 고개를 땅에 박고 있다. 그리고 이 가지 저 가지로 뛰어다니던 청서는 물이 조금 고여 있는 계곡 가장자리에서 주변을 두리번거리며 물을 마신다.

나뭇잎에 가려 있을 때는 보이지 않던 산딸기 줄기 사이에 붉은머리오목눈이 부부가 만든 둥지가 보인다. 부부가 둥지 재료를 입에 물고 쉴 새 없이 왔다 갔다 하면서 만든 튼튼한 둥지에는 눈이 쌓여 있고, 아까시나무 줄기에는 하얀 무당거미 알집이 보인다.

평온하고 여유로운 공간에서 조용히 움직이며 살아가는 여러 생명과 한 해 동안 나무와 함께 살아갔던 생명의 흔적을 찾아보는 재미는 겨울 숲만이 줄 수 있는 특별한 선물이다. 이런 선물은 숲이 투명하게 비어야 비로소 보이며, 느낄 수 있다.

틈

―――――

삶의 터전

코끝이 맵고 볼이 따갑도록 추운 날 겨울 숲을 걷다 보면 길 가장자리의 땅이 울퉁불퉁하게 올라온 것을 볼 수 있다. 아이들은 그것을 넓게 떠서 얼음 궁전의 성벽을 쌓기도 하고, 조심스럽게 한쪽 발을 들어 살짝 밟으면 푹 꺼지는 발바닥의 느낌을 즐기기도 하고, 사각대는 소리가 신기하다며 경중경중 밟으며 즐거워하기도 한다. 아이들의 놀이터이자 장난감인 서릿발은 겨울 추위가 만든 선물이다.

겨울 추위는 물을 얼려 땅속 공간을 넓힌다. 영하의 온도는 땅속에 스며들었던 습기를 얼려 하얀 실 모양의 서릿발을 만드는가 하면, 반짝이는 얼음 조각 기둥을 겹쳐 세우고, 흙을 작은 덩어리로 뭉쳐 놓는다. 그것은 딱딱해진 흙 거죽을 들어 올리고, 굳어 있던 흙을 흩어서 몽글몽글하게 부풀려 놓는다. 그 때문에 다져졌던 흙은 부드러워지고, 흙 속의 공간은 헐거워져 빈틈이 생긴다.

바위나 절벽 틈에서 살아가는 나무는 물이 얼어 그 틈이 벌어진다는 사실을 일찍이 터득했다. 그래서 나무는 실뿌리를 최대한 많이 만들어 주변의 습기를 모아 두었다가 습기가 얼어 틈이 벌어지면 그 틈새로 뿌리를 깊이 뻗어 양분을 찾는다. 이런 방법으로 틈새로 떨어진 씨도 극도로 척박한 환경임에도 싹을 틔워 숲의 구성원으로 자랄 수 있다. 겨울 추위가 만든 땅속 빈틈은 땅속에서 살아가는 뭇 생명의 터전이 된다. 그 빈틈으로 공기와 물이 적당히 채워져서 나무뿌리가 뻗어 들어가고, 씨들의 싹이 올라온다. 개미는 그 빈틈을 이동 통로로 사용하고, 지렁이는 여기에 굴을 파고, 두더지는 이곳의 지렁이를 잡아먹으려 터널 길을 만들 것이다. 겨울 추위는 틈을 만들어 온갖 생명에게 시련과 생명의 공간을 함께 선사한다.

온기

생명을 보듬는 겨울 숲

아궁이에 불을 때는 시골집에서는 겨울 저녁이면 아버지가 장작으로 불을 지피셨다. 그리고 두꺼운 요와 이불을 미리 깔아 놓고 온기를 모아 놓았다. 저녁을 일찍 먹어 꺼진 배를 채우려 고구마와 무를 까먹고, 천장이나 벽 사이로 스미는 찬 기운인 웃풍을 피해 깔아 놓은 이불 속으로 들어가 텔레비전을 봤다. 텔레비전을 보며 한시도 가만히 있지 못하는 나는 이불 속에서 이리 누웠다, 저리 누웠다, 들어갔다 나왔다 꼼지락댔다. 그러면 엄마에게 꼭 한소리를 들었다. 이불 속 온기가 식는다고 얌전히 있으라는 것이다. 그렇게 한소리 듣고 잠시 얌전하게 있는 척하다가 어느새 잠이 들었다.

온돌은 새벽이 문제다. 저녁에 지펴 놓은 장작불로 데운 온돌이 새벽이면 거의 식기 때문이다. 그때쯤이면 이불 속은 내 몸의 열기로 데워야 해서 자꾸 몸을 웅크리고 움직이게 된다. 지금 사는 아파트도 난방 온도를 그리 높게 설정하지 않아 겨울 새벽이면 약간 춥게 느껴진다. 딸이 자기 방 침대에서 자다가 새벽에 잠에서 깨면 추위가 느껴지는지 가끔 베개를 들고 내 침대로 들어오곤 한다.

겨울 숲은 새벽 이불 속 같은 느낌이 든다. 한 잎 두 잎 켜켜이 쌓인 나뭇잎이 태양의 열기로 데워진 땅의 온기를 가둔다. 그렇게 모아 둔 온기로 혹독하게 추운 겨울 동안 그 속에서 살아가는 생명을 보듬고 잠들게 한다. 숲의 겨울나무들은 앙상한 나무일지라도 그 나뭇잎 이불이 흩어지지 않게 빽빽이 서서 바람을 막아 주고 온기를 보탠다. 겨울에 내리는 눈 또한 나뭇잎과 함께 보온력을 높인다. 그래서 눈 내리는 날은 마음이 포근해진다.

겨울 숲은 뜻밖에도 넉넉하고 따뜻하다. 숲이 생장을 멈추고 오로지 생존만을 위한 비움의 시간에 들어서면 오히려 더 넉넉해진다. 앙상한 가지 사이로 찾아드는 햇살이 넉넉해져 숲의 속살 깊은 곳까지 드리우기 때문에 겨울 숲의 양지는 포근하다.

플랜B

쪽동백나무의 지혜

겨울나무는 죽은 듯 움직임이 없어 보인다. 하지만 자세히 바라보면 꿈틀거리는 생명력을 느낄 수 있다. 중요한 경주를 위해 봄부터 준비해 온 달리기 선수처럼 나무의 겨울눈은 이제 출발선에 서서 호흡을 가다듬으며 신호를 기다리고 있다. 대지에 약동하는 온기가 출발 신호를 보내면 가지와 잎은 대지를 향해 전력 질주할 것이다.

숲속 경사면 한쪽에 자리하고 있는 쪽동백나무의 겨울눈이 활시위에 장전된 화살처럼 팽팽하게 걸려 있다. 이제 손을 놓는 순간 첫 번째 화살은 과녁을 향해 날아갈 것이다. 겨울눈이 겨냥한 과녁은 태양으로부터 오는 좋은 빛을 충분히 받을 수 있는 곳, 뿌리에서 끌어올리는 무기양분과 물을 풍족하게 공급받을 수 있는 곳, 그리고 옆에 있는 가지들과 적당한 거리를 유지할 수 있는 곳이다.

쪽동백나무가 과녁을 향해 있는 힘껏 화살을 쏘았다. 그러나 과녁을 향해 날아가야 할 화살이 각도가 벗어나 다른 방향으로 날아가 버렸다. 나무는 한 번 쏜 화살이 불발이면, 다시 화살을 장착하기까지 1년이라는 시간을 기다려야 한다. 풀이 죽어 발사대를 내려오려는 순간, '아하, 나에게는 플랜B가 있지!' 외친다. 늦은 봄부터 치밀하게 준비해 놓은 부아副芽라는 이름으로 만들어 놓은 시스템이다. 부아는 첫 번째 겨울눈과 함께 생기는 눈으로, 첫 번째 눈에 이상이 생기면 대신 가지를 뻗어 나가게 하는 중요한 역할을 맡는다.

위기를 피하거나 재난에서 살아남기 위해 사전에 대비책을 준비해야 하는 것은 사람이나 나무나 다를 게 없다. 반드시 실행해야 할 일이 있을 때 돌발 상황을 예상하고 이를 위한 '플랜B'를 준비해야 한다는 것을 겨울눈은 어떻게 알았을까? 어쩌면 겨울눈의 지혜를 사람이 배운 것이 아닐까, 생각해 본다.

동그라미

아름다운 세상을 위하여

겨울 산의 모양은 솜사탕 또는 회색 구름이 둥글둥글 뭉쳐져 있는 것 같다. 이런 모양은 복숭아 꽃잎을 닮았다 하여 화도형花桃形이라 부른다. 그 '둥글둥글함'은 한 그루 나무의 모습일 수도 있고, 여러 그루의 나무가 모여 있는 모습이기도 하다. 이런 모습은 능선에 올라 맞은 편 사면을 바라볼 때 선명하게 보인다.

그런 산을 보고 있으면 〈아름다운 세상을 위하여〉라는 영화의 내용이 떠오른다. 어느 날, 선생님은 학생들에게 1년 동안 지켜야 할 과제를 내준다. 주인공 트레버는 엉뚱한 아이디어가 떠올라 칠판에 그림을 그리며 설명한다. 한 사람이 세 사람에게 도움을 주면, 그 세 사람이 또 다른 세 사람에게 도움을 주고, 그렇게 아홉 명의 사람이 또 각각 세 명의 사람에게 도움을 준다. 이렇게 하면 그 숫자는 무한대로 늘어난다. 트레버가 칠판에 그린 그림을 뒤집어 보면 동그란 나무 모양이다. 이런 동그란 모양이 모이고 모여 산은 둥글둥글한 모습이 된다. 혹시 트레버가 앙상한 겨울나무를 보고 '도움 주기' 아이디어를 떠올린 것은 아닐까? 나무는 줄기에서 가지를 뻗고 또 그 가지에서 또 다른 가지를 뻗는다. 그 가지들은 각자의 하늘을 차지한다. 그 끝에 달릴 잎들은 공기를 순화하고, 맛있는 열매로, 건강하게 살아가는 그 모습 자체로 주변 모든 생명에게 도움을 준다. 나무와 숲이 주는 '도움'이 풍성하고 영원할 것이라는 믿음이 그 동그란 숲을 바라보는 것만으로도 마음을 평화롭고 느긋하게 해 주는 것 같다. 나의 도움은 어떤 모양의 가지로 뻗을까.

복숭아 꽃잎처럼 보이는 숲의 모양과 동그란 모양을 만든 나무의 우듬지.

동행

겨울을 기다리는 사람들

여기 겨울눈과 눈싸움을 하는 사람들이 있다. 겨울나무를 공부하는 사람들이다. 영하의 추운 날씨에 두 겹으로 양말을 겹쳐 신었어도 발이 시려 발가락을 꼼지락거리고 동동거린다. 두꺼운 장갑을 끼어 둔해진 손으로는 나뭇가지를 잡아 관찰하기가 어려워 얇은 장갑으로 바꿔 끼고, 루페로 1년생 가지를 뚫어져라 쳐다본다. 그 눈빛이 엄청 진지하다. 보석 감별사가 그렇게 진지한 눈빛을 할까? 관찰할 것이 정확하게 보이면 얼굴에 슬며시 미소가 번진다. 유레카! 보인다! 1년생 가지에서 찾으려는 동정 포인트가 확실하고 선명하게 관찰된 것이다. 루페로 관찰이 끝나면 관찰한 것을 금방 잊어버릴지도 모른다는 마음에 펜을 들고 메모한다.

그리고 핸드폰을 꺼내 흔들림 없이 크고 뚜렷하게 촬영하기 위해 모든 것을 멈춘다. 숨도 안 쉬고 눈도 깜박이지 않는다. 콧물도 그냥 흘러내리게 둔다. 멈춤. 찰칵. 겨울눈이 너무 작아 초점이 잘 잡히지 않는다. 흔들렸다. 다시, 다시! 혼자서 이리 찰칵 저리 찰칵, 몇 번이나 시도해 보지만 잘 찍히지 않는다. 옆에 있던 사람이 슬며시 나뭇가지를 잡아 주고 옷소매나 장갑 낀 손으로 배경을 만들어 준다. 겨울눈이 훨씬 또렷하게 잡힌다. 휴, 이제야 만족스럽게 찍혔다. 이제는 옆 사람에게 알려 준다.

"이것 좀 봐. 참 신기하게 생겼어, 잎 떨어진 흔적은 사람의 눈·코·입 모양을 하고 있고, 겨울눈은 모자를 쓰고 있어서 마치 요정 같은 모습이야. 요정 얼굴이 보여?" "이 털 모양 좀 봐, 별이야 별. 반짝이는 별 모양의 털이 이렇게 많아." "어쩌면 이런 모양을 하고 있지? 어떻게 이렇게 사랑스럽고 예쁘지?"

나뭇가지 하나를 잡고 눈을 반짝이고, 좋아하고, 감탄하는 모습이 마치 호기심 많은 어린아이 같다. 그렇게 어렵게 찍은 사진과 관찰한 내용은 혼자만의 것으로 만들지 않는다. 그날 보고, 느끼고, 촬영한 사진은 정리하여 동료들과 공유한다.
이 사람들은 추운 날씨에도 불구하고, '겨울나무'라는 같은 것을 바라보며, 겨울눈 하나에 이토록 즐거워하고, 자연을 향한 경이로움을 표한다. 그리고 따뜻한 봄이 와서 겨울눈이 깨어나기를 기대하며 기다리지만, 한편으로는 겨울이 빨리 사라지는 것을 아쉬워하고 봄이 오는 것을 서운해한다. 이들은 봄, 여름, 가을에 겨울을 그리워하고 기다리는 사람들이다. 겨울 숲에 들어 겨울나무를 공부하는 사람들의 모습에서 '동행의 아름다움'을 본다.

두 번째 시간

겨울
나무

바라
보기

다음 해를 준비하고
추위에 대비하는 나무의 전략

밤새 내린 눈으로 세상이 하얗다. 오늘은 숲학교에서 아이들을 만나는 날이다. 눈 내린 숲에서 아이들은 얼마나 즐겁고 행복하게 뛰어 놀까? 행복해 할 아이들을 생각하며 옷을 따뜻하게 챙겨 입고 숲으로 향한다. 역시나 아이들은 강아지 마냥 들떠 있다. 준비해 간 비닐 포대로 눈썰매를 타고, 눈을 뭉쳐 눈사람도 만들고 눈싸움도 하며 정신없이 논다. 한참을 놀다가 한 아이가 손이 시리다며 주머니에 손을 넣고 서 있다. 방수가 안 되는 장갑을 끼고 있어서 눈 녹은 물에 장갑이 얼어붙었다. 얼른 젖은 장갑을 벗기고 따뜻한 손으로 마사지를 해 주고 내가 끼고 있던 장갑을 벗어 아이에게 끼워 준다.

아이는 다시 친구들 틈에 끼어서 신나게 눈 놀이를 한다. 차갑게 젖은 아이의 장갑을 말리려 나무 옆으로 간다. 키가 작고 가지를 넓게 편 진달래가 눈을 뒤집어쓰고 있다. 가지에 쌓인 눈을 털어 내고 장갑을 널다 보니, 진달래의 동그랗고 통통한 겨울눈이 보인다. 나무들은 추운 겨울을 어떻게 보내며 내년을 대비하고 있을까?

겨울나무를 보면 가장 먼저 떠오르는 노래가 있다.

나무야, 나무야 겨울나무야
눈 쌓인 응달에 외로이 서서
아무도 찾지 않는 추운 겨울을
바람 따라 휘파람만 불고 있느냐

초등학교 때 배운 노래다. 노래 가사 때문인지 겨울나무 하면 가장 먼저 떠오르는 장면은 추운 벌판에 외롭게 홀로 서 있는 나무다. 이렇게 추울 때 나무에게 바람을 막아 줄 잎이라도 있으면 덜 춥지 않을까 하는 생각도 해 본다.

그러나 겨울나무는 "걱정하지 마! 나는 내년을 위해 미리 준비한 비장의 카드가 있고, 겨울 추위 정도는 거뜬히 이겨 낼 조상 대대로 물려받은 비밀스러운 방법이 있거든"이라고 말한다. 나무는 자신만만하고 여유로운 모습으로, 그러나 조심스러운 모습으로 혹독한 추위를 견디며 찬란한 봄을 기다리고 있다.

우리나라는 난대와 한대 사이의 기후로 난대 수종과 한대 수종, 그리고 온대 수종이 섞여 자라고 있다. 온대지방의 나무는 해가 짧아지면서 온도가 서서히 내려가면 생장을 멈추고 겨울을 준비한다. 2장에서는 나무가 내년을 설계하고 겨울 추위에 대비하는 다양한 방법을 알아보도록 하자.

겨울눈 : 겨울눈은 봄부터 만든다

나무는 잎을 떨어뜨리고, 낮은 온도에 적응할 수 있도록 겨울이 오기 전 가을부터 몸을 만들며 준비한다. 나무는 가장 생명력이 왕성한 시기인 늦봄부터 가지와 나뭇잎 사이에 또는 잎자루 속에 다음 해를 위해 비장의 무기를 준비한다. 바로 겨울눈이다. 겨울눈은 가을에 나뭇잎이 떨어지면 완전한 모습을 갖추고 나타난다.

나무는 겨울눈을 만들 때 내년에 굵게 뻗어 갈 가지는 어느 방향으로 향할지, 옆 나무와 얼굴 붉히며 싸우지 않으려면 어느 가지를 뻗어야 할지, 내 형제 나뭇가지들과는 어떻게 겹치지 않게 해야 가문을 번성시킬 수 있을지 미리 계산해 1차적으로 설계한다. 그리고 나서는 2차로 정밀한 설계에 착수한다. 가지의 영양 상태를 분석하여 꽃을 피우고 열매를 맺어 자손을 번식시킬 수 있는 꽃눈을 만들지, 수꽃눈만 만들어 꽃가루를 받을지, 아니면 가지와 잎을 만들어 나무의 몸을 성장시키는 일에 전념할지, 냉철하게 판단하여 겨울눈에 세팅해 놓는다. 이렇게 막중한 역할을 맡은 겨울눈을 보호하기 위한 장치도 완벽하다.

두꺼운 털 점퍼를 입은 것처럼 털로 무장해 폭신하고 통통한 모습이 되기도 하고, 얇은 옷을 여러 겹 겹쳐 입은 듯한 '레이어링layering' 방식을 시도하기도 한다. 습기나 곤충으로부터 눈을 보호하기 위해 밀랍이나 송진을 덮은 눈도 있다.

추위와 주변 환경으로부터 완벽하게 보호해 줄 겨울눈을 미리 준비한 덕분에 겨울나무에서는 여유로움과 당당함이 느껴진다.

낙엽 : 몸무게를 줄이다

온대지방의 나무는 봄이 되면 성장호르몬을 만들어 뿌리와 가지를 자라게 하고 부피를 키운다. 그리고 가을이 되면 휴면호르몬이 생겨 생장을 멈춘다. 그러고 나서 가지와 잎을 연결했던 관을 막고, 잎을 떨어뜨리는 등 최소한의 에너지로 겨울을 지낼 준비를 한다. 나무는 잎을 떨어뜨리기 전에 쓰다 남은 영양소를 1년생 가지에 옮겨 저장한다. 그 영양소는 나무에게 부족하기 쉬운 질소, 인산, 칼륨이다. 가지에 옮겨 저장하지 못하고 나뭇잎에 남아 있는 양분은 낙엽과 함께 떨어져 토양의 양분이 된다. 나무가 잎을 떨어뜨려 몸무게를 줄이는 주된 이유는 혹독한 겨울에 최소한의 에너지로 살아남기 위해서지만 얼음과 눈의 무게까지도 감당하지 않겠다는 극한의 전략이기도 하다. 겨울에 동사할 위험을 아예 차단하겠다는 목적도 있다.

순화: 저온에 길들여지다

추위가 닥치면 동물은 안전한 곳으로 이동할 수 있지만, 움직일 수 없는 식물은 고스란히 추위를 견뎌 내야만 한다. 이때 식물은 추위를 견뎌 내기 위해 저온에 길들여지는 방법을 택한다. 저온에 길들여지는 것을 저온순화cold acclimation라 하는데, 저온순화가 되면 식물이 어는점 이하의 일정 온도에 노출되어도 추위 때문에 피해를 입지 않는다.

물 빼기: 세포를 보호하다

나무에게 물은 영양소를 운반하는 이동수단이자 광합성과 관련 있는 생명 활동의 필수 물질이다. 그러나 기온이 0도 이하일 때 세포 속에 물이 있으면 세포 속에서 얼어 버린다. 그러면 물보다 얼음의 부피가 크기 때문에 세포막이 파괴된다. 식물은 저온순화의 한 과정으로 세포 속 물을 세포 간극으로 이동시켜 피해를 입지 않도록 적응한다.

설탕 채우기 : 부동액으로 채우다

물기가 빠져나가면 자연스럽게 세포 내 탄수화물, 단백질, 지방 등의 농도가 높아진다. 그러면 농축된 세포액의 어는점이 더 내려간다. 생장과 호흡이 줄어들면서 세포 내 당분 함량도 크게 증가한다. 부동액으로 몸을 채우는 것이다. 이렇게 미리 몸을 만든 나무들은 영하 30도의 혹한에서도 얼지 않고 살아남을 수 있다.

겨울나무
자세히 들여다보는 방법

겨울에 나무를 알아보기 위해서는 봄·여름·가을에 보았던 것과는 다른 방법으로 나무를 바라보아야 한다. 겨울 이외의 계절에는 잎·꽃·열매 등으로 나무를 알아보지만 온대 중부지방의 낙엽수들은 겨울이 오기 전에 이런 모든 것과 작별하고 줄기와 가지만으로 오롯이 겨울을 난다. 그래서 겨울나무 공부는 나무의 맨몸을 바라보고, 그 몸의 형태와 몸에 남겨진 흔적, 1년생 가지를 자세히 관찰하는 것으로부터 시작한다. 겨울에도 나무 각각의 이름을 불러 주고 그들이 어떻게 살아가고 있는지 알기 위해 겨울나무 관찰하는 법을 살펴보자.

모양 : 빛을 향한 열정

떨기나무 관목 —— 떨기나무는 일반적으로 키가 4미터 이내로 자라는 작은 나무로, 줄기 밑 부분에서 여러 개의 가지가 갈라져 나온다. 찔레꽃, 싸리, 개암나무, 병꽃나무, 국수나무 등이 대표적이다. 숲에서 주로 키나무 아래에서 자라거나 숲의 가장자리에서 자란다.

키나무 교목, 큰키나무, 작은큰키나무 ──── 키나무는 원줄기가 곧고 크고 굵으며, 줄기와 가지의 구별이 뚜렷한 나무로 대략 4미터 이상 높이로 자란다. 키나무는 높이에 따라서 큰키나무와 작은큰키나무로 구별한다. 큰키나무는 줄기가 곧고 굵으며 10미터 이상 높이로 자라는 나무로 갈참나무, 상수리나무, 은행나무 등이 있다. 작은큰키나무는 보통 4~10미터 높이로 자라는 나무로 단풍나무, 쪽동백나무, 함박꽃나무 등이 여기에 해당된다.

1 작은큰키나무는 4~10미터 정도 높이로 자라는 나무다.
2 큰키나무는 10미터 이상 크게 자라는 나무다.

덩굴나무 —— 덩굴나무는 줄기가 땅에서 자라기 시작하여 빛을 충분히 받을 수 있는 높이까지 올라가기 전에는 스스로 자라지 못하기 때문에 주변의 식물이나 구조물에 의지하여 키를 키우고 줄기를 뻗는다. 다른 나무의 줄기를 감아 올라가거나, 덩굴손을 만들어 몸을 의지할 곳에 걸고 올라가는 등의 방법으로 가지를 뻗는다.

줄기를 감아 올라가는 나무로는 다래류, 등나무, 노박덩굴 등이 있다. 이런 나무의 줄기는 단단한 목질 구조로 되어 있지만, 감아 꼬는 줄기는 유연한 형태로 되어 있어 주변의 식물을 휘감아 오르며 키와 세를 넓힌다. 덩굴손을 만들어 걸고 올라가는 나무에는 청미래덩굴이나 청가시덩굴, 머루류 등이 있다. 덩굴손은 접촉하는 모든 지지물을 단단하게 감는, 가늘지만 강인한 기관이다. 덩굴손은 가지와 잎자루 같은 다양한 부분에서 만들어진다. 덩굴로 뻗는 나무 중 덩굴손의 끝이 팽창하여 만들어진 흡반吸盤을 이용해 나무줄기나 벽 같은 다양한 곳의 표면에 달라붙어 가지를 뻗는 담쟁이덩굴 같은 나무도 있다.

1 줄기를 꼬아 감는 등나무. 2 흡반을 이용해 물체의 표면에 붙어 가지를 뻗는 담쟁이덩굴.
3 덩굴손을 만들어 어딘가에 걸고 올라가는 청미래덩굴. 4 덤불을 이루며 자라는 산딸기.

다른 나무를 감고 올라가거나 어딘가에 부착되지 않고 기어가는 방법을 선택한 덩굴나무도 있다. 산딸기속의 산딸기나 복분자딸기 등이 그렇다. 이 나무들은 숲 가장자리나 숲의 빈틈에서 덤불을 이루며 자라는데, 이런 줄기를 가진 나무를 넌출나무라고도 한다.

수피 : 풀에는 없다

나무마다 수피樹皮의 모양과 색이 다르다. 자작나무의 하얀색 수피와 벽오동나무의 푸른색 수피처럼 색이 다르기도 하고, 쪽동백나무·때죽나무·단풍나무처럼 매끈한 수피가 있는가 하면 굴참나무·황벽나무·개살구나무처럼 울퉁불퉁 코르크가 발달된 나무도 있다. 양버즘나무와 느티나무처럼 껍질이 줄기에서 떨어지는 특이한 모습을 보여주는 등 수피의 모양은 다양하기 때문에 수피로 나무를 구별하기도 한다.

그러나 같은 나무일지라도 노목과 유년기의 수피가 다른 경우도 많다. 우리가 잘 아는 소나무의 경우 오래된 줄기 수피가 울퉁불퉁하고 깊은 골이 진 거북이 등짝 같다면, 청년기의 소나무 수피는 갈색의 얇은 껍질로 벗겨진다. 아까시나무의 굵은 줄기 수피는 세로로 길게 패여 있지만 어린 가지는 갈색으로 매끈하다. 이렇게 어린 가지의 수피는 매끈하다가 노목이 되면서 갈라지고 울퉁불퉁해지는 경우가 흔하다.

또한 같은 나무라 해도 환경에 따라 수피의 색과 모양이 달라지기도 한다. 그래서 수피는 나무를 구별하기 위해 일반적으로 살펴보는 부분이지만 환경이나 성장 시기에 따라 변화가 많아서 나무를 구별할 때 무작정 기준으로 삼아서는 안 된다.

1 서어나무. 2 물박달나무. 3 소나무. 4 쪽동백나무.

껍질눈 피목, 皮目 : 숨도 쉬자

껍질눈은 나무의 가지나 줄기에 만들어지는 코르크 조직이다. 껍질눈은 코르크가 특수한 형태로 발달한 통기조직으로 공기는 통과시켜도 병원균은 침입하지 못하게 막는다. 1년생 밤나무 가지의 껍질눈은 흰 점을 찍어 놓은 모양이고, 개옻나무의 껍질눈은 길쭉한 선 같은 모양이 오톨도톨 튀어나와 있다. 어린 가지에 나 있는 껍질눈은 가지가 굵어지면서 없어지기도 한다.

1 귀룽나무. 2 칠엽수. 3 아까시나무.

가지 뻗음 : 빛을 따라 간다

나무의 가지 뻗음도 나무를 구별하는 기준이 된다. 개나리, 단풍나무, 물푸레나무는 원가지를 중심으로 좌우로 마주난 모양으로 가지를 뻗는다. 반면 밤나무, 고욤나무, 벚나무 등은 지그재그로 어긋나게 가지를 뻗는다. 그러나 참나무와 같이 어긋나기 나무이지만 가지 끝에 다닥다닥 붙어 있던 겨울눈에서 자라난 가지는 돌려나기 형태로 가지가 뻗기도 한다.

나무는 자라면서 바람이나 빛의 영향 또는 인위적인 문제로 가지가 잘려 나가기도 하여 나무의 전체 모양을 보고 마주난 가지인지 어긋난 나무인지 구분하기 어려운 경우가 있다. 이때 나무의 1년생 가지에 겨울눈이 어떤 배열로 달려 있는지 관찰해 보면 쉽게 알 수 있다. 겨울눈의 배열에 따라 이듬해 봄에 새로운 가지가 뻗기 때문이다.

마주난 가지는 겨울눈이 마주 난다 —— 가지에서 겨울눈이 마주난 것은 가지도 마주나기로 배열한다. 그러나 간혹 겨울눈이 마주난 것 중에 한 쪽은 잎이 나고, 한 쪽은 꽃이 피거나 덩굴손이 자라는 경우도 있다.

참빗살나무

어긋난 가지는 겨울눈이 어긋난다 —— 가지에서 겨울눈이 어긋난 것은 가지도 어긋나기로 배열한다.

밤나무

1년생 가지 : 동정을 위한 열쇠가 있다

나무에서 1년생 가지를 부르는 이름은 가지가 가늘어서 '소지' 또는 초록색을 띠어 '녹지'라 부르기도 한다. 1년생 가지는 전년도 겨울눈에서 싹이 나서 한 해 동안 자란 가지를 의미한다. 자란 기간이 짧아서 직경이 굵어지고 수피가 코르크화 될 시간이 없었다. 그래서 1년생 가지는 그 나무의 변하지 않는 형질을 많이 가지고 있다. 1년생 가지를 볼 때는 각 나무의 고유한 수피 색, 껍질눈과 털의 유무, 다양한 털 모양을 살핀다. 또 독특하게 생긴 겨울눈과 잎 떨어진 흔적의 모양, 잎 떨어진 흔적 안에 있는 관다발 자국, 턱잎과 턱잎이 떨어진 흔적도 관찰한다.

겨울 동안 잠잠히 쉬었던 1년생 가지에서는 봄이 오는 시기부터 많은 일들이 벌어진다. 그중 꽃눈이 먼저 움직이는 나무들이 있다. 겨울 동안 연초록 물방울 모양의 꽃눈을 달고 있던 올괴불나무에는 연분홍 원피스에 진한 핑크색 토슈즈를 신은 발레리나 같은 꽃이 피고, 동그란 팝콘처럼 부풀어 올랐던 생강나무의 꽃눈에서는 노란 꽃이 불꽃처럼 터져 나온다. 통통한 럭비공 같은 진달래의 꽃눈에서는 분홍색 꽃이 탐스럽게 피어 입맛을 다시게 하면서 회색의 숲을 환하게 밝힌다.

1년생 가지에 달려 있던 잎눈은 꽃눈보다 살짝 늦게 싹을 낸다. 겨울눈의 잎눈이라고 부르는 것 중 어떤 잎눈에서는 오로지 잎만 나오는가 하면 어떤 잎눈에서는 가지와 잎이 동시에 나오기도 한다. 이런 경우 '가지눈'이라는 용어를 사용하면 구별이 쉽겠지만, 겨울눈의 모습으로만 봐서는 구별할 수 없어 그냥 '잎눈'이라 한다. '혼합눈'이라는 것도 있다. 혼합눈은 가지와 잎, 꽃이 겨울눈 속에 함께 들어 있다가 봄에 한꺼번에 전개되는 눈을 말한다. 겉보기에는 크고 꽃눈처럼 생겨서 꽃눈에 포함시키기도 한다. 혼합눈은 겨울눈 모양만으로는 알기 어렵고 봄에 변하는 모습을 보아야 정확히 알 수 있다.

잎눈에서 나온 가지는 4월쯤에 낭창거리는 풀처럼 나오다 5월쯤이면 목질화가 시작된다. 1년생 가지는 나무 종에 따라 변하지 않는 고유한 특징이 많아 자세히 관찰하여 익히면 겨울에도 나무를 정확히 구별할 수 있다.

장지와 단지 : 상황에 따라 다르다

가지 뻗는 모양을 보면 가지를 길게 뻗은 장지長枝가 있고, 가지에 잎 떨어진 흔적이 다닥다닥 붙어 있고 마디와 마디 사이의 간격이 매우 짧아서 촘촘해 보이는 가지도 있다. 이러한 가지를 단지短枝라 한다. 단지는 은행나무나 계수나무, 팥배나무를 비롯한 장미과 나무에서 흔히 볼 수 있다. 단지로 자라는 가지는 환경에 따라 장지로 자라기도 한다.

1 산돌배나무 장지. 2 산돌배나무 단지. 3 은행나무 단지.

흔적 : 모든 접촉은 흔적을 남긴다

열매 흔적 —— 대부분의 열매는 가을에 익어서 나무마다 다양한 방법으로 흩어져 퍼진다. 그러나 겨울에도 여전히 가지에 남아 있는 열매들을 볼 수 있다. 빨갛게 익은 덜꿩나무의 열매, 적자색 꽃받침 위에 있는 군청색 구슬 같은 누리장나무의 열매, 콩 꼬투리 모양으로 털이 수북하게 나 있는 칡 열매 등 다양한 열매들을 보고 나무를 구별할 수도 있다. 이렇게 온전한 열매가 매달려 있는 경우 이것을 보고 나무를 구별할 수도 있지만, 산초나무와 물오리나무 같이 열매의 흔적과 열매가 달려 있던 열매차례를 보고도 나무를 구별할 수 있다. 겨울 이외의 계절에 나무의 열매를 많이 관찰하고 기억해 두었다면 겨울에 어떤 나무인지 쉽게 알아볼 수 있을 것이다.

다양한 열매 흔적 : 1 덜꿩나무. 2 찔레꽃.
3 철쭉. 4 칡. 5 족제비싸리. 6 물오리나무.

잎 떨어진 흔적엽흔, 葉痕 ──── 1년생 가지의 측면을 자세히 들여다보면 나무마다 독특하고 재미있는 모양을 볼 수 있다. 심각한 표정의 낙타 얼굴도 보이고, 눈·코·입이 있는 얼굴 모양, 하트 모양도 보인다. 움푹 들어갔거나 튀어나온 삼각형, 심장·초승달·말발굽 모양도 발견할 수 있다. 가을에 잎이 떨어지면 보이는 이런 모양을 잎 떨어진 흔적, 엽흔 이라 한다. 초겨울에 나무 주변에 떨어진 잎을 주워서 잎자루를 가지의 잎 떨어진 흔적에 맞추어 보면 퍼즐 조각이 맞듯 합쳐질 것이다. 작은 단엽을 달고 있었던 나무의 잎 떨어진 흔적은 작은 모양이고, 큰 단엽이나 복엽을 달고 있었던 나무의 잎 떨어진 흔적은 모양이 크다.

다양한 잎 떨어진 흔적 : 1 가지에 붙어 있던 잎자국 모양. 2 개옻나무.
3 가래나무. 4 누리장나무. 5 소태나무. 6 가죽나무. 7 물푸레나무.

관다발 자국관속흔, 管束痕 —— 나무는 가을에 가지와 나뭇잎을 연결했던 부분에 떨켜를 만들어 나뭇잎을 떨어뜨린다. 그 잎 떨어진 흔적 안에는 관다발 자국이 있다. 관다발 자국은 가지에서 잎자루를 통과해 잎 속으로 연결되었던 물을 나르는 물관과 영양분을 나르는 체관이 있는 통로가 잘린 흔적이다. 돌기 모양인 것도 있고 줄 모양, 동그란 자국 여러 개가 흩어져 있는 모양 등 나무에 따라 관다발 자국의 모양과 수는 다양하다.

1 관다발 자국의 모양과 개수는 나무마다 다르다.
2 칡. 3 누리장나무. 4 두릅나무.

가지 떨어진 흔적지흔, 枝痕**과 열매자루 떨어진 흔적**과병흔, 果柄痕 ── 1년생 가지 끝에 가지가 자라다가 떨어져 나간 자리에는 동그란 자국이 생기며, 가지 끝에 열매자루가 떨어져 나간 자리에도 동그란 자국이 생긴다. 자세히 관찰해 보면 열매자루가 떨어져 나간 자국은 동그란 모양으로 깔끔한데, 가지가 떨어져 나간 자국은 깔끔하게 떨어지지 않고 잘린 듯한 모양이다. 나무는 나무에게 더 이상 필요 없는 열매자루는 과감히 떨어뜨리는데, 제 몸인 가지는 과감히 자르지 못하는 것 같다. 붉나무나 마가목의 열매자루 떨어진 자리는 가지 끝에 선명하게 보이고, 덜꿩나무나 당단풍나무 등의 열매자루 떨어진 자국은 가지 끝 두 개의 겨울눈 사이를 자세히 보아야 보인다. 밤나무의 가지 떨어진 흔적은 가지 끝에서 보인다.

1 주렁주렁 매달린 붉나무 열매. 2 붉나무 열매자루 떨어진 흔적.
3 덜꿩나무 열매자루 흔적. 4 밤나무 가지 떨어진 흔적.

턱잎탁엽, 托葉**과 턱잎 흔적**탁엽흔, 托葉痕 ────── 턱잎은 잎자루에 붙어 있거나 잎자루 아랫부분 가지 좌우에 한 개씩 붙어 있는 피침형의 작은 조각 잎이다. 밤나무나 칡 등은 겨울에도 턱잎이 달려 있어 나무를 구별하는 포인트가 되기도 한다. 이 턱잎이 떨어져 나간 흔적을 턱잎 흔적이라고 한다. 칡의 경우 잎 떨어진 흔적 옆에 귀 모양의 턱잎 흔적이 보이기도 하고, 목련류의 가지에는 턱잎이 가지를 둘러쌌던 흔적이 한 줄로 나타나기도 한다.

1 밤나무 턱잎. 2 칡의 턱잎 떨어진 흔적.
3 장구밥나무의 턱잎. 4 목련의 턱잎 떨어진 흔적.

색깔 : 나는 패셔니스타!

나무의 1년생 가지는 기본적으로는 초본草本과 동일한 구조다. 가지의 표피는 보호 역할을 하는 큐티클층으로 이루어져 있고, 그 안쪽에 엽록소를 포함한 조직이 있어 광합성을 하기도 한다. 그래서 모든 나무가 그런 것은 아니지만 1년생 가지는 광택이 있는 녹색이나 갈색, 그리고 적갈색을 띤다. 가지는 2년째가 되면 굵기가 굵어지며, 껍질 부분이 코르크화 되고, 광택이 적어지고, 색도 변한다.

가지가 코르크화 되기 전 1년생 가지의 색은 녹색이나 적갈색이 많이 보이지만 유난히 붉은 색을 보이는 층층나무나 회색 광택이 나는 산벚나무 등 다양한 색으로 나타난다. 또한 복사나무와 참빗살나무의 가지는 녹색을 주로 띠지만 햇빛을 많이 받는 쪽은 적색으로 변하기도 하여 한 가지에 두 가지 색이 나타나기도 한다. 1년생 가지의 색은 나무를 구별하는 기준이 될 수는 있지만, 봄에 나무에 수분이 공급될 때나 온도나 빛 때문에 변하기도 하므로 이 정보에만 의존해서는 안 된다.

다양한 색의 가지 : 1 산딸기. 2 복사나무.
3 진달래. 4 층층나무. 5 찔레꽃. 6 쪽동백나무.

털 : 무조건 보호 한다

나무의 털은 표피세포가 돌출되어 형성된 기관이다. 식물에서 털의 역할은 열이나 물의 지나친 흡수나 손실을 방지하고, 빛을 반사하기도 하며, 곤충이나 동물로부터 스스로를 보호하는 역할을 한다. 겨울눈이나 1년생 가지에 털이 있는 나무들이 많다.

털은 다양한 모양으로 관찰이 된다. 그중에 짧은 단모短毛, simple trichome, 곧고 빳빳하며 뾰족한 강직모剛直毛, setose, 명주실처럼 유연하고 길지만 표피 가까이 누운 털 모양의 견모絹毛, sericeous, 여러 갈래로 갈라진 별 모양의 성상모星狀毛, stellate, 그리고 끝에 분비샘이 발달하여 둥글게 변형된 돌기가 있는 선모腺毛, glandular trichome가 주로 보인다.

누리장나무의 누런 단모와 칡 덩굴의 긴 견모, 그리고 매화말발도리의 성상모, 개암나무의 선모 같이 뚜렷하게 나타나는 털이 있는가 하면, 같은 나무라 해도 환경에 따라 털이 많을 수도 있고 적을 수도 있다.

다양한 나무의 털 : 1 개암나무의 자주색 선모. 2 누리장나무의 단모.
3 칡의 견모. 4 개암나무의 자주색 선모는 시간이 지나면 자주색이 사라진다.

가시 : 덤비지마! 다친다!

1년생 가지의 끝이나 측면에 생기는 가시는 나무가 스스로를 보호하기 위한 방어기관으로, 끝이 뾰족하고 목질이다. 많은 식물이 여러 종류의 가시를 갖고 있는데, 무엇이 변형되었느냐에 따라 가시는 세 종류로 나뉜다.

가지의 전체 또는 일부가 가시로 변한 경침가지가시, 莖針, thorn은 아주 단단해 떼려 해도 쉽게 떨어지지 않는다. 산사나무의 가시처럼 가시 아랫부분에 작은 겨울눈이 생기는 것도 있다. 경침은 탱자나무, 산사나무, 야광나무, 갈매나무, 짝자래나무 등에서 볼 수 있다.

잎이나 턱잎이 가시로 변한 엽침잎가시, 葉針, spine은 경침에 비해 쉽게 떨어진다. 잎이나 턱잎이 변한 것이라 가시가 두 개 마주나는 경우도 있다. 엽침은 초피나무, 아까시나무, 매자나무, 음나무, 장미과 장미속 식물에서 볼 수 있다.

수피가 가시로 변한 피침껍질가시, 皮針, prickles도 있다. 경침이나 엽침에 비해 가시가 불규칙하게 나고 엽침처럼 비교적 잘 떨어진다. 청미래덩굴, 청가시덩굴, 산초나무, 두릅나무, 장미과 산딸기속 식물 등에서 볼 수 있다.

그리고 나무에서는 가시가 보이지 않지만 가시가 껍질 속에 들어 있는 경우도 있다. 흔히 낙엽송이라 불리는 일본잎갈나무의 껍질을 벗기면 내수피에 작은 가시가 있는데, 이를 모르고 만지다가 가시가 손에 박혀 엄청 고생했다는 이야기를 가끔 듣는다.

가시가 생기는 나무라고 해서 나무의 일생 동안 가시가 나거나 늘 가시를 달고 있는 것은 아니다. 음나무나 아까시나무같이 어렸을 때는 스스로를 보호할 목적으로 가시를 만들지만 어느 정도 키가 자라고 나면 가시를 만들지 않는 경우도 있다.

1 두릅나무의 피침.   2 아까시나무의 엽침.
3 탱자나무의 경침.

덩굴손 : 잡고 올라간다

덩굴손은 나무 스스로 곧게 서서 자라지 못할 때 주변에 있는 것을 감아 오르며 자라기 위해 만들어졌다. 덩굴손은 잎이나 잎자루 곁가지 같은 식물의 다양한 부분이 변형된 것이다. 잎자루에서 덩굴손이 자라는 식물에는 청미래덩굴이나 청가시덩굴이 있고, 왕머루 같은 나무는 가지 한쪽에만 덩굴손이 나서 뻗는다.

1 청미래덩굴의 덩굴손.
2 왕머루의 덩굴손.

겨울눈 : 내년을 대비하라

겨울눈은 동아冬芽라고 한다. 겨울눈이 대부분 송곳니牙처럼 생긴 싹 모양으로 겨울을 나서 이렇게 부르게 된 것 같다. 겨울눈은 나무를 키우는 막중한 임무를 수행하는 중요한 기관으로 나무의 미래가 겨울눈에 달렸다고 해도 과언이 아니다.

나무는 늦봄부터 가지와 잎자루 사이에 다음 해 봄에 자랄 잎·꽃·가지가 될 겨울눈을 차근차근 준비해 놓는다. 겨울눈은 가을까지 잎에 가려 보이지 않다가 낙엽이 지면 비로소 모습이 드러난다. 겨울눈이 제자리에 안전하게 준비되어 있다는 것은 나무가 추운 겨울을 버틸 힘이 된다.

겨울눈은 나무에게는 너무도 소중한 존재라 철두철미하게 보호하고 안전하게 지켜야 한다. 그래서 나무는 모진 추위와 지나친 습기, 그리고 곤충으로부터 겨울눈으로 안전하게 지키기 위해 보호장치를 만들어 놓았다. 추위를 대비하여 안쪽은 털이나 부드러운 막으로 싸고, 바깥은 미끈하고 튼튼한 눈비늘인 아린芽鱗으로 감싼다. 또한 습기를 막기 위해 아린의 비늘 하나하나에 수지樹脂 같은 밀질을 덮기도 한다. 마른 니스처럼 된 이 밀질은 봄이 되면 보드랍게 변해서 눈을 싹트게 한다.

겨울눈의 고유한 모양과 특징은 사람의 지문처럼 변하지 않는다. 어린나무나 큰 나무, 맹아지휴면 상태에 있던 눈에서 자란 가지 등에서 관찰해도 겨울눈은 똑같기 때문에 겨울에 나무를 구별하는 정확한 식별 포인트가 된다. 지금부터 겨울눈에 관해 자세히 알아보자.

1 칠엽수. 2 까치박달. 3 목련. 4 물푸레나무. 5 신갈나무.
6 물푸레나무가 가지와 잎자루 사이에 만든 겨울눈.

겨울눈의 종류

꽃눈화아, 花芽 —— 겨울눈은 봄에 싹이 터서 무엇이 되느냐에 따라 꽃눈과 잎눈 그리고 가지·꽃·잎이 섞인 혼합눈으로 구분된다. 꽃눈은 봄에 눈비늘이 벗겨지면서 바로 꽃이나 꽃차례가 된다. 보통 꽃눈은 잎눈보다 동그랗고 통통하다. 이른 봄에 잎보다 먼저 꽃이 피는 생강나무나 올괴불나무, 진달래에서 볼 수 있다. 그리고 모양은 잎눈과 비슷하지만 겨울눈이 벌어지며 하얀 꽃이 피는 매화말발도리의 곁눈도 꽃눈이다.

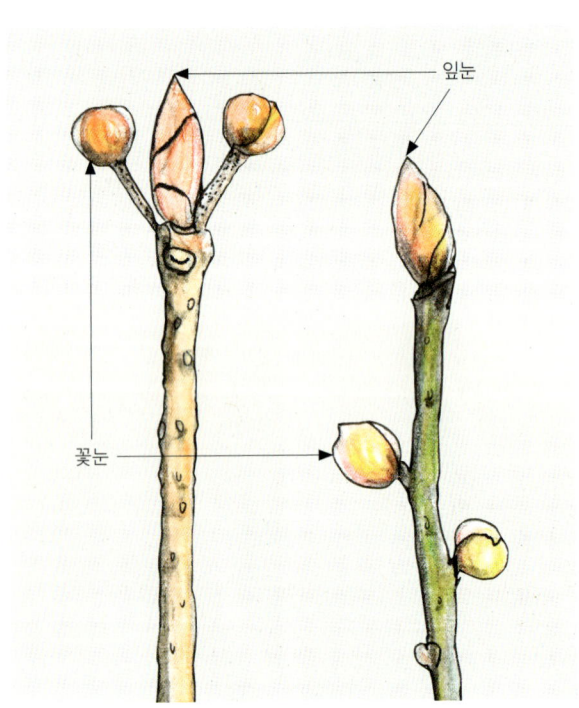

꽃눈에서 꽃이 피는 과정 : 1 생강나무. 2 진달래. 3 매실나무.

잎눈엽아, 葉芽 ──── 잎눈은 자라서 잎이나 가지가 될 겨울눈으로 보통 꽃눈보다 가늘고 길다. 잎눈에서 잎만 나오는 것도 있지만, 대부분 잎이 달린 새 가지가 나온다. 겨울눈에서 가지가 나올 때 잎이 먼저 보여서 '잎눈'이라고 하는데, 가지와 잎이 함께 나오는 눈은 '가지눈'이라고 하면 이해가 쉬울 것 같다. '꽃눈'이 따로 없는 나무에서는 '잎눈'에서 자란 가지의 아랫부분이나 끝부분 또는 잎의 겨드랑이에 꽃이 핀다.

잎눈에서 싹이 나는 모습 : 1 생강나무. 2 층층나무. 3 일본목련.

혼합눈혼아, 混芽 —— 혼합눈은 겨울눈의 눈비늘이 벌어질 때 가지·잎·꽃이 함께 나오는 것을 말한다. 겨울눈 상태에서 보았을 때 눈이 다른 겨울나무의 눈에 비해 조금 크다. 물푸레나무, 개옻나무, 딱총나무의 눈이 그렇고, 참나무류의 눈도 눈비늘이 벗겨지며 가지와 수꽃이 함께 나온다. 혼합눈은 겨울눈의 모양만 봐서는 판별하기 어렵고, 대부분 싹이 트는 모양을 봐야만 알 수 있다.

혼합눈에서 싹이 나는 모습 : 1 물푸레나무. 2 개옻나무. 3 신갈나무.

겨울눈이 나출裸出되어 있는 눈 —— 1년생 가지의 끝이나 중간에 원통 모양으로 길게 나와 있는 겨울눈이 있다. 자작나무과에는 개암나무속, 오리나무속, 자작나무속, 새우나무속, 서어나무속의 나무들이 있는데, 그중에서 서어나무속을 제외한 나무의 수꽃눈이 나출속의 것이 겉으로 드러남되어 있다. 오리나무속의 나무는 수꽃차례와 더불어 수꽃차례보다 작고 짧은 원통 모양의 암꽃차례도 나출되어 있다. 수꽃차례가 나출되어 있지 않은 서어나무속의 수꽃차례는 뾰족한 잎눈 모양으로 있다가 이른 봄 잎눈보다 먼저 통통하게 커지면서 터진다. 서어나무의 수꽃차례 역시 원통 모양으로 길게 늘어지며 핀다.

1 참개암나무의 수꽃차례. 2 개암나무의 수꽃차례.
3 물오리나무의 암꽃차례와 수꽃차례.

위치에 따른 겨울눈의 이름

끝눈정아, 頂芽 —— 끝눈은 1년생 가지 끝에 달리는 눈이다. 끝눈이 있는 나무는 가지 끝에 있는 끝눈이 통제를 해서 가을쯤이면 가지가 자라는 것을 중지시킨다. 끝눈을 만드는 나무 중에는 소나무, 잣나무, 참나무처럼 1년에 1-2회 자라는 고정생장을 하는 나무와 1년에 여러 번 생장을 하는 자유생장을 하는 나무가 있다.

1 굴피나무. 2 개옻나무.
3 일본목련. 4 물푸레나무. 5 칠엽수.

가짜끝눈가정아, 假頂芽 —— 가짜끝눈은 가지 끝에 생겨서 끝눈처럼 보이지만 크기가 곁눈과 비슷하고 삐딱하게 생겼다. 그리고 주변에 말라버린 가지 흔적지흔이나 열매자루 떨어진 흔적이 남아 있다. 밤나무의 가지 떨어진 흔적은 가짜끝눈 옆에 아주 작은 모양으로 보이고, 당단풍나무와 덜꿩나무의 열매자루 떨어진 자국이나 가지 떨어진 자국은 가짜끝눈 사이에 있어 잘 안 보이는 경우도 있다.

1 매화말발도리. 2 느릅나무.
3 당단풍나무. 4 털개회나무.

곁눈측아, 側芽 ──── 곁눈은 1년생 가지의 측면에 달린 눈으로, 잎 떨어진 흔적 바로 위에 달린다. 보통 곁눈이 달린 배열로 가지가 어긋나게 뻗어 나가는지, 마주나게 뻗어 나가는지를 알 수 있다. 예외적으로 매화말발도리처럼 곁눈이 꽃눈이어서 꽃이 피는 경우도 있다.

1 생강나무. 2 느릅나무. 3 곁눈에서 싹이 나고 있는 사방오리나무.
4 개옻나무. 5 물푸레나무. 6 곁눈에서 싹이 나고 있는 물푸레나무.

덧눈부아, 副芽 ──── 곁눈은 잎 떨어진 흔적 위에 보통 하나씩 달린다. 그러나 곁눈 주변에 눈이 하나, 두 개 정도 추가로 달리기도 하는데, 이렇게 추가로 달린 눈을 덧눈이라고 한다. 덧눈 중에서 곁눈의 위나 아래에 나란히 생기는 눈을 세로덧눈중생부아이라고 하고, 곁눈 오른쪽이나 왼쪽에 추가로 생기는 눈을 가로덧눈병생부아이라고 한다.

덧눈은 곁눈에게 닥칠 만약의 사고에 대비하여 만들어 놓은 겨울눈이다. 그러나 국수나무 같은 나무에서는 각각 독립된 가지가 나오는 경우도 있다. 그리고 복사나무와 이스라지처럼 덧눈이 각각 잎이 나오는 잎눈과 꽃이 피는 꽃눈인 경우도 있다.

1 국수나무의 세로덧눈
2 쪽동백나무의 세로덧눈. 3 복사나무의 가로덧눈

묻힌눈은아, 隱芽 ──── 겨울 동안 아까시나무와 다래류의 곁눈은 가지에서 보이지 않는다. 아까시나무는 양쪽으로 나 있는 가시 사이의 막 틈 속에서 흔적만 보이다가 봄에 그 막을 가르며 싹이 나온다. 다래류는 분화구처럼 생긴 잎 떨어진 흔적 위에 점 하나만 찍어 놓고 숨어 있다가 봄에 싹이 나온다. 나무가 겨울눈을 보호하고 있는 모습 중 가장 조심스럽고 철두철미하다고 말할 수 있겠다.

1 다래류의 겨울눈은 점만 찍혀 있는 것 같은 묻힌눈이다. 2 다래류의 묻힌눈에서 난 싹.
3 가시 사이의 막 속에 숨어 있는 아까시나무의 겨울눈. 4 아까시나무의 묻힌눈에서 난 싹.

잎자루 속에 있던 눈내아, 內芽 ── 나무는 대부분의 겨울눈을 늦봄부터 만들어 가지와 잎자루의 겨드랑이에 보관한다. 그래서 겨울이 되기 전에도 주의 깊게 관찰하면 완벽하지는 않지만 겨울눈의 형태를 볼 수 있다. 그러다 가을에 잎이 떨어지면 잎 떨어진 흔적 위에서 비로소 완성된 겨울눈의 모습을 볼 수 있다.

그러나 언제나 예외는 있는 법. 가을에 잎이 떨어지기 전까지 잎자루 속에 겨울눈을 만들어 놓고 보여 주지 않는 나무가 있다. 양버즘나무, 쪽동백나무, 황벽나무, 고광나무, 박쥐나무 등의 겨울눈이 이렇게 잎자루 속에 숨겨 두었던 내아다. 이런 형태의 겨울눈은 잎 떨어진 흔적 중앙에 있다.

청미래덩굴이나 당단풍나무는 겨울 동안 잎자루 속에 겨울눈을 숨겨 놓고 있다. 봄이 되어 싹이 나올 때쯤 잎이 떨어지고 잎자루가 벌어져야 비로소 겨울눈이 보인다.

1 쪽동백나무는 잎이 떨어져야 겨울눈이 보인다.
2 고광나무도 잎이 떨어져야 겨울눈이 보인다.
3 청미래덩굴은 겨울에도 잎자루가 남아 있고, 그 속에 겨울눈이 숨어 있다.

눈비늘아린, 芽鱗 —— 눈비늘은 꽃이나 가지, 잎이 될 어린 조직을 보호하기 위해 겨울눈의 겉을 한 장 한 장 쌓아 만든 보호 장치로, 비늘처럼 생긴 조각을 말한다. 눈비늘은 털이나 가죽질, 수지를 이용하여 만들고, 모양도 다양하다. 겨울눈에 눈비늘이 있는지 없는지를 관찰하고, 있다면 어떤 모양인지, 숫자는 몇 장인지, 색은 어떤 색인지, 털은 있는지 세심하게 관찰해야 한다.

1 칠엽수 겨울눈의 눈비늘이 벗겨지며 싹이 나오고 있다.
2 일본목련 겨울눈의 눈비늘이 벗겨지며 한 장의 턱잎이 나오고 있다.
3 신갈나무 겨울눈의 눈비늘이 벗겨지며 싹이 나오고 있다.

맨눈나아, 裸芽 ──── 대부분의 겨울눈은 다양한 모양과 재질의 눈비늘로 싸여 있다. 그러나 그런 눈비늘에 싸여 있지 않고, 잎 모양을 그대로 포개고 있는 겨울눈이 있다. 그런 겨울눈을 맨눈이라고 한다. 맨눈으로 겨울을 나는 나무는 작살나무, 가래나무, 소태나무, 붉나무, 개옻나무, 때죽나무, 쪽동백나무, 중국굴피나무 등이다. 맨눈의 겨울눈은 눈비늘로 싸여 있지 않는 대신 털로 덮여 있는 것이 특징이다. 이런 맨눈은 봄이 되어 눈이 전개될 때 잎 모양 그대로 펼쳐진다.

맨눈에서 잎이 전개되는 모습 : 1 붉나무.
2 가래나무. 3 작살나무. 4 소태나무. 5 개옻나무.

눈자루아병, 芽柄 —— 겨울눈의 밑부분에 둥근 기둥을 덧대어 놓은 것 같은 겨울눈이 있다. 둥근 기둥 같은 자루를 눈자루라고 한다. 눈자루를 만드는 겨울눈은 많지 않다. 물오리나무의 잎눈, 비목나무의 꽃눈 그리고 작살나무의 겨울눈에서 볼 수 있고, 간혹 생강나무의 잎눈에서도 발견된다. 겨울눈에 왜 눈자루를 만들어 놓았는지 궁금하다. 키가 커지고 싶은 것일까?

1 작살나무. 2 물오리나무의 잎눈. 3 비목나무.

··· 세 번째 시간 ···

위로의 숲

**마을 뒷산인 칠보산에서
시작하다**

숲으로 오라고
손짓하는 빛살

봄날의 햇살은 집에 있는 사람을 그냥 놔두지 않고 밖으로 끌어내, 돋아나는 싹 앞에서 생명의 경이로움을 느낄 수 있게 한다. 하지만 겨울의 빛 또한 봄 햇살 못지않게 집에서 웅크리고 있는 사람을 밖으로 끌어내는 마법을 부린다. 그런 빛 좋은 겨울날, 산책하다 만난 나뭇잎이 모두 떨어진 가지들은 나를 아이를 키우던 시절로 데려간다.

가는 1년생 가지의 수피는 밝은 회색으로 빛난다. 그 낭창한 가지에 투명하게 시린 빛이 내려앉으며 쨍하고 반짝인다. 빛을 품어 반짝이는 가지를 바라볼 때면 가슴 속으로 빛의 환희가 스며들며 장면 하나가 떠오른다. 첫 아이를 낳고 어설프지만 최선을 다해 육아를 할 때 일어난 일이다. 어떤 날인지 정확히 기억나지는 않지만, 아이가 혼자 세수를 하고 나와 베이비로션을 손에 푹 짜서 얼굴에 발랐다. 그러고는 "엄마, 나 혼자서도 잘하지?" 하며 함박웃음을 지었다. 그때 그 오동통한 얼굴이 얼마나 반질반질 윤이 나던지. 지금도 그 기억이 잊히지 않는다. 나뭇가지에 걸린 빛을 보면 그때 빛나던 아이의 얼굴이 떠오르며 베이비로션의 향기가 느껴진다.

첫 아이의 얼굴을 떠올리다가 나에게도 그런 맑은 얼굴의 아이였을 때가 있었지 하는 생각으로 이어진다. 하지만 오랜 시간 치열한 삶의 흔적을 몸에 새긴 나무의 지난 삶이 가슴에 더 와닿는 것은 왜일까. 애써 시선을 다시 가지로 옮기고, 빛을 받아 반짝이는 가지같이 밝고 맑은 모습으로 살아야지 다짐해 본다. 그리고 빛나는 겨울나무를 만나러 마을 뒷산 숲으로 향한다.

이사를 온 후 시간이 많이 흐르고 나서야 마을 뒷산과 인연을 맺었다. 아이들의 나이가 비슷한 같은 아파트 엄마들은 아이를 유치원에 보내고 한 집에 모여 수다도 떨고 점심도 같이 먹으며 아이들을 기다렸다. 그리고 아이들이 유치원에서 돌아오면 모두 함께 놀이터로 나가서 아이들이 노는 것을 지켜보며 한 해 두 해 정을 쌓아 갔다.

유치원과 초등학교를 다닐 때까지 그렇게 친하게 지내던 이웃이 아이들이 상급 학교에 진학하면서 한 집 두 집 떠났다. 친했던 사람들이 이사를 가고, 아이들이 학교에서 늦게 오는 시간이 많아지니 자연스럽게 집에 혼자 있는 시간이 길어졌다. 집에 혼자 있자니 우울해지고 편두통이 생겨 머리가 깨질 듯이 아픈 날이 많아졌다.

그때 마을 뒷산의 숲이 눈에 들어왔다. 혼자서 천천히 숲길을 걸으며 진달래꽃의 맛도 느껴 보고 아까시나무꽃도 한 움큼 먹어 보고, 물오리나무의 둥글넓적하게 생긴 잎이 그렇게 맛있는지 정신없이 잎을 갉아 먹는 광택이 나는 남색 곤충도 보았다. 후에 알게 된 그 곤충의 이름은 오리나무잎벌레였다. '구리구리한' 냄새가 나는 누리장나무에게 흑진주 열매 반지 선물도 받으며 나는 숲과 나무와 그렇게 친구가 되었다. 이후로 나는 숲해설가가 되었고 겨울 숲과 겨울나무의 매력에 빠져 매년 겨울나무를 만나러 숲으로 간다.

동네 뒷산은 높이 200미터 내외의 야트막한 산으로 리기다소나무가 많이 식재된 산이다. 숲의 들머리에는 공원이 조성되어 있고, 텃밭이 있어 사람들이 농사를 짓는다. 숲과 마을의 경계면인 이곳에는 작은 새와 곤충, 청서와 다람쥐 등 다양한 생명이 살고 있다. 사람들의 간섭이 많은 곳이라 여러 가지 이유로 사람이 심은 나무도 보이지만, 일반적인 숲에서 볼 수 있는 나무도 관찰할 수 있다. 숲 입구의 공터에는 등나무가 넓게 무리를 이루어 자라며 빛을 향해 무언가 감고 올라갈 방법을 찾고 있다.

91

등나무

숲길을 밝히는 횃불 같은 겨울눈

 등나무는 용솟음치듯 위로 감고 올라가는 풀이라는 뜻에서 '등藤나무'다. 덩굴성인 등나무는 학교 운동장이나 공원 쉼터, 아파트 놀이터 옆에 세워 놓은 구조물을 감고 올라가 그곳을 멋진 휴식 공간으로 만들어 놓는다. 왼쪽으로 꼬면서 구조물을 감고 올라간 줄기에서 나온 가지는 많은 겹잎을 만들어 넓은 그늘을 만든다. 등나무의 잎은 따가운 햇빛을 피할 수 있게 그늘을 만들어 주고, 주렁주렁 달리는 연보랏빛 꽃은 좋은 향기로 사람들의 발걸음을 붙잡는다.
 등나무는 특정 장소에 식재되어 있으면 쉽게 알아볼 수 있지만 숲에서 야생으로 자라면 종종 알아보지 못한다. 겨울이 되어 잎이 없으면 더욱 알아보기 힘들다. 이럴 때 등나무의 횃불같이 생긴 겨울눈을 기

억해 놓으면 쉽게 알아볼 수 있다. 등나무의 겨울눈은 가지에 어긋나게 달려 있는데, 밤색 눈비늘에 싸인 삼각형 횃불 모양이다. 잎 떨어진 흔적은 동그란 모양으로 크고, 관다발 자국은 세 개로 두 눈과 입을 그려 놓은 것 같다. 겨울눈과 잎 떨어진 흔적을 함께 보면 밤색 모자를 쓴 피에로의 동그란 얼굴이 떠오른다.

이듬해 4월 초가 되면 겨울눈에서 초록색 새 가지와 겹잎이 나오고, 새 가지 끝에서는 비늘을 차곡차곡 붙인 방망이 같은 꽃대가 나온다. 그 꽃대에 연보랏빛 꽃이 주렁주렁 매달려 피면, 꽃향기에 취하고 그늘에 감사하며 더위를 피할 수 있게 된다.

1 횃불 모양 밤색 모자를 쓴 삐에로의 얼굴처럼 보이는 등나무의 겨울눈과 잎 떨어진 흔적.
2 자신의 몸을 꼬며 자라는 등나무 덩굴. 3 비늘을 차곡차곡 붙인 방망이 같은 꽃대가 나온다.

개암나무

동그랗고 길쭉한 겨울눈과 선모가 있는 가지

등나무 옆에는 길쭉한 원통같이 생긴 수꽃눈을 달고 있는 개암나무가 몇 그루 있다. 여름부터 달고 있던 길쭉한 원통 모양 초록색 수꽃눈이 겨울이 되어 노르스름한 색으로 변한 상태다. 작은 물방울 모양의 잎눈은 적갈색 눈비늘에 싸여 있다. 잎 떨어진 흔적은 반원형이고 관다발 자국은 여러 개다.

개암나무의 가지에 있는 털은 특이하게 생겼는데, 짧고 빳빳하게 생긴 가시 같은 털끝에 검은색 동그란 분비샘이 붙어 있다. 이렇게 털끝에 분비샘이 발달하여 둥글게 변형된 돌기가 있는 털을 선모glandular trichome라 한다. 선모는 참개암나무와 개암나무를 구별하는 특징으로, 개암나무에 선모가 있다. 이듬해 3월경 물방울 모양의 겨울눈 중, 꽃이 먼저 나오는 눈에서는 붉은색 실 같은 암술대가 나오는데, 조금 급한 꽃눈은 2월경에 나와서 동해를 입기도 한다.

2월에 광교산에 간 적이 있다. 그날은 평소와 달리 자가용을 이용했다. 등산하는 도중 눈이 내리기 시작했는데, 산행 중 눈을 만난 걸 행운이라고 생각하며 신나게 겨울눈을 즐겼다. 그때 숲 길가에서 개암나무를 보았다. 빨간 실 몇 가닥을 내민 개암나무의 암술에 하얀 눈이 덮여 있었다. 동해를 입을 게 뻔했다. 순간 눈이 내린다고 이렇게 즐거워 해도 되나, 미안한 마음이 들었다.

사실 나무의 겨울눈은 겨울에 이런저런 방법으로 추위에 완벽하게 대비하기 때문에 동해를 입을 걱정이 없다. 그러나 겨울이 끝날 무렵 따뜻한 날이 일시적으로 계속되면 봄이 온 줄 알고 섣부르게 연한 살을

1 가시 같은 선모가 나 있는 개암나무의 가지.
2 개암나무의 암술 위에 살포시 눈이 쌓여 있다.

살짝 내놓기도 하는데, 이때 동해를 입는 경우가 많다. 동해를 입은 꽃은 그 해의 열매를 만들 수 없다.

그날 섣부른 개암나무의 암꽃은 1년 농사를 망쳤고, 눈길에 대비하지 않은 나의 자동차는 내리막길에서 산비탈을 박아 버려서 결국 보험료가 올랐다. 식물이나 사람이나 날씨와 사고에 민감하게 대처하지 못하면 큰 손해를 보게 된다는 교훈을 얻었다.

겨우내 달고 있던 수꽃차례에서는 암술대가 나올 즈음 수꽃이 길게 늘어지며 꽃가루를 날린다. 수꽃이 다 질 때쯤인 4월경에 통통하게 부풀어 있는 잎눈에서는 끈적거리는 자주색 선모가 수북하게 달린 가지와 초록색 잎이 나온다. 자주색 선모는 시간이 지나며 자주색과 끈적임이 사라지고, 빳빳해진 선모는 겨울까지 남아 있다.

3 개암나무 수꽃.
4 이른 봄 개암나무의 수꽃이 길게 늘어지며 꽃가루를 날린다.
5 미리 나온 암술대가 까맣게 시들 때쯤 새 가지와 잎이 따라 나온다.
6 새 가지와 잎에는 자주색 선모가 달린다.

국수나무

곁눈 아래 세로덧눈

개암나무 근처에는 숲과 등산로의 경계 역할을 하는 국수나무도 무리 지어 자란다. 숲의 가장자리에 주로 사는 국수나무는 여러 개의 줄기가 땅에서 나와 자라는 떨기나무다. 나무의 줄기를 잘라 보면 속이 하얗고 말랑말랑하여 꼬챙이로 밀어 내면 국수 면발 같은 것이 나온다고 해서 국수나무라는 이름이 붙었다고 한다.

줄기는 활처럼 휘어져 자라고, 회갈색으로 껍질이 벗겨진다. 1년생 가지의 색은 황갈색, 회갈색, 적갈색으로 다양하고 가지 끝은 죽어 있다. 가지 끝이 죽는 것은 무한생장을 했기 때문이다. 무한생장을 하는 나무는 겨울눈에서 나온 가지가 뻗어 끝눈을 만들지 않은 상태에서 늦가을까지 계속 자라다가 가지 끝이 말라 죽는다. 그래서 이듬해 봄에는 곁눈에서 새 가지가 나온다.

국수나무의 겨울눈은 갈색 쌀알 모양으로 반질반질하다. 잎 떨어진 흔적은 초승달 모양이고 관다발 자국은 세 개다. 가지에 달린 곁눈 아래에는 세로덧눈이 있다. 덧눈이 있는 나무에서는 곁눈이 정상적으로 가지를 뻗지 못하면 대기하고 있던 덧눈에서 가지를 뻗는다. 그러나 국수나무는 곁눈만 가지를 뻗기도 하고, 곁눈과 덧눈이 함께 가지를 뻗어 유난히 많은 잔가지를 볼 수 있다. 이듬해 3월 중순 즈음에 잎만 나오는 눈이 있고, 가지와 잎이 함께 나오는 눈이 있다. 작고 하얀 별처럼 생긴 꽃은 새 가지 끝에서 피고 향기가 있다.

1 쌀알 모양의 겨울눈. 2 곁눈과 세로덧눈에서 동시에 싹이 났다.
3 곁눈과 세로덧눈에서 전개된 가지.
4 국수나무는 가지 끝이 죽는 무한생장을 한다. 5 잎눈에서 새 가지와 잎이 전개된다.

붉은머리오목눈이

숲속의 요정

숲으로 들어가는 길가에는 덩굴식물을 비롯하여 키 작은 떨기나무가 많이 자라고 있다. 떨기나무들 사이로 작은 새들이 떼로 몰려다닌다. 겨울에 새들은 나뭇가지 껍질 속에 숨어 있는 곤충이나 거미를 찾아 먹기도 하고, 겨울눈에 낳아 놓은 곤충의 알을 먹기도 한다. 그리고 어떤 새들은 겨울눈을 따서 먹기도 하며, 분주하게 돌아다닌다. 작은 새들은 봄이 되어 두 마리가 짝을 이루기 전까지 함께 무리를 이룬다.

작은 새들이 무리를 이루어 몰려다니는 것은 집단이 주는 '안전함' 때문인 것 같다. 살피는 눈이 많아지면 천적을 더 빨리 알아볼 수 있어 경계에 대한 부담이 줄고, 무리가 커서 천적으로부터 공격 당하는 상황이 덜 벌어진다. 그만큼 먹이를 찾는 일에 지속적인 관심을 기울일 수 있다. 작은 새들이 겨울에 한정된 먹이를 놓고 생사를 좌우하는 경쟁을 해야 하는 일만 없다면 무리를 이루는 것이 더없이 이로울 수 있다. 추운 겨울밤에 무리가 함께 모여 잠을 잔다면 체온을 유지하기에도 좋을 것 같다는 생각도 해 본다. 나무나 동물이나 야생에서 사는 생명은 나름의 방법으로 추운 겨울을 견디고 희망찬 봄을 맞이한다.

겨울에 무리를 지어 다니는 새들 중에 '비비비비, 비비비비' 조잘대며 다니는 붉은머리오목눈이가 있다. 붉은머리오목눈이는 '뱁새가 황새 따라가다 가랑이 찢어진다'는 속담에 등장하는 바로 그 '뱁새'다. 붉은머리오목눈이는 아주 작고 날렵한 붉은 갈색 몸통에 몸통 길이만큼

동그란 눈과 부리 끝의 아이보리색이 매력적인 붉은머리오목눈이는
물컵처럼 생긴 둥지를 만든다.

가늘고 긴 꼬리를 가지고 있다. 동그란 눈과 짧은 부리 끝에 살짝 묻어 있는 듯한 아이보리색이 매력 포인트인 새다. 겨울에 보이는 붉은머리오목눈이의 몸통은 다른 계절에 보이는 것보다 유난히 동그랗고 통통해 보인다. 깃털의 사용법을 바꾸어 단열 효과에 변화를 주었기 때문이다. 깃털을 부풀리면 몸 주변에 단열 공기층이 좀 더 넓게 자리할 수 있어서 대기 온도에 비해 체온을 높게 유지할 수 있다.

둥지는 물컵 같은 모양으로 몸 크기만큼 작고 정교하게 만든다. 붉은머리오목눈이는 여기에 알을 낳고 새끼를 키운다. 작은 붉은머리오목눈이가 둥지를 만들고 새끼를 끼우는 것을 볼 때면 경이롭기도 하지만 조마조마한 마음도 든다. 주변에 천적이 너무 많기 때문이다.

까치를 비롯하여 어치, 청서, 뱀, 고양이 등이 둥지를 뒤져 붉은머리오목눈이의 알과 새끼를 잡아먹는다. 그리고 뻐꾸기들은 그들의 둥지에 알을 낳아 제 새끼를 키운다. 잡아먹고 먹히는 일은 야생에서 살아가는 생명들에게는 자연스러운 모습이지만 유독 붉은머리오목눈이는 걱정이 된다. 열심히 둥지를 만들고, 한시도 쉴 새 없이 벌레를 잡아다 새끼에게 먹이는 모습을 관찰하면서 관심과 애정이 생겼기 때문이리라.

밤나무

―――――
삐딱하게 달려 있는 겨울눈

뒷산의 등산로 옆에는 밤나무가 있어야 제격이다. 밤나무 한두 그루가 있으면 가을 등산길이 훨씬 즐겁다. 가을에 바람이 많이 분 다음 날 등산을 하다가 한두 송이 떨어져 있는 밤송이를 막대기로 까서 풋밤을 먹어 본 사람은 그 맛이 얼마나 고소한지를 안다. 한두 개 그 자리에서 맛있게 먹고, 가족 숫자만큼 챙겨서 가족들에게도 그 맛을 느끼게 해 주려 손에 꼭 쥐고 내려온다. 다 익어 토실토실한 알밤이 떨어져 있으면, 그것을 주워 숲의 동물들이 먹으라고 숲속 깊은 곳으로 던져 주는 분을 본 적이 있다. 그것을 보고 나도 알밤을 보면 주워서 숲 안으로 던지는 습관이 생겼다. 그렇게 해 보니 은근히 기분이 좋았다.

흑갈색 밤나무 줄기는 세로로 갈라지고, 갈색 1년생 가지에는 흰 껍질눈 줄기나 뿌리의 외피 조직이 만들어진 후에 기공 대신 공기가 통하도록 만들어진 통로 조직이 있다. 겨울눈은 반원 모양의 잎 떨어진 흔적 위에 삐딱하게 달려 있다. 겨울눈이 가지와 나란히 있지 않고 삐딱하게 달려 있는 것은 가지와 잎자루의 각도가 크지 않아 동그란 겨울눈이 옆으로 삐져나올 수밖에 없어서 그런 것 같다. 뽕나무와 느릅나무의 겨울눈 모양도 고개를 옆으로 삐딱하게 내밀고 있다.

밤나무를 구분할 때 가지에 둥근 모양으로 달린 밤나무순혹벌혹을 보고 밤나무를 구분하는 사람도 있다. 밤나무에 워낙 밤나무순혹벌혹이 많이 생겨 그럴 수도 있겠다, 싶긴 하지만 이 방법을 권하고 싶지는 않다. 밤나무 본연의 특징을 알지 못한 채 충영식물의 줄기, 잎, 뿌리 따

1 아주 작은 밤톨 같은 겨울눈. 2 껍질눈이 있는 가지의 잎자루 사이에 달린 겨울눈.
3 밤나무의 새순. 4 빨갛게 부풀어 오른 밤나무순혹벌혹.
5 청서가 애벌레를 먹고 버린 밤나무순혹벌혹.

위에서 볼 수 있는 혹 모양으로 부푼 것. 식물체에 곤충이 알을 낳거나 기생하여 이상 발육한 부분에만 의지했다가는 건강한 나무를 만나면 구별에 어려움을 겪을 게 뻔하기 때문이다.

밤나무순혹벌이 잎눈에 산란하여 유충으로 월동하다가 다음 해 4월경에 유충이 먹이 활동을 시작하면서 밤나무 가지에 붉은색을 띠는 혹이 부풀어 오른다. 그 빨간 혹에 밤나무의 새잎이 달려 있는 모습은 그것이 겨울눈이라는 사실을 증명한다. 밤나무순혹벌혹이 많이 생긴 나무는 점점 약해져서 몇 년 후면 말라 죽는다. 겨울눈에서 전개된 가지에 잎이 생겨야 나무에 필요한 양분을 만들고, 그 잎겨드랑이에 새로운 겨울눈을 만들어야 다음 해에 또 가지를 만드는 일이 반복되는데, 이 일이 중단되기 때문이다. 나무에 달린 빨간 밤나무순혹벌혹을 보면 예쁘기는 하나 밤나무를 생각하면 마음이 편치 않다. 그렇다고 죽어 가는 밤나무를 살리려고 밤나무순혹벌혹을 하나하나 제거하기는 어렵다. 그런데 우연히 밤나무순혹벌혹을 제거해 주는 동물을 만났다. 바로 청서였다.

어느 해 숲을 걷다가 잎이 달린 밤나무순혹벌혹이 반으로 쪼개져서 땅에 수북이 쌓여 있는 것을 보았다. 고개를 들어 나뭇가지를 보니 청서가 밤나무 가지에 앉아 두 발로 밤나무순혹벌혹을 잡고 쪼개어 그 속에 있는 밤나무순혹벌 애벌레를 먹고 나머지는 땅에 버리고 있었다. 그것을 보면서 '밤을 얻어 먹은 청서가 이런 방법으로 밤나무에게 도움을 주고 있구나' 싶었고, '자연에서 생긴 원인은 자연 안에 해결 방법이 있다'는 사실도 깨달았다.

콩배나무

콩알 같은 배가 열리는 나무

겨울인데도 콩알처럼 작은 열매가 긴 열매자루에 매달려 있는 것이 보인다. 작은 열매에는 흰 점이 박혀 있다. 이 나무는 열매의 모양 때문에 '콩배'라는 이름이 붙었다. 콩배나무의 열매가 방울처럼 달려 있으면 배처럼 달콤한 맛을 상상해서인지 괜히 한번 먹어 보고 싶은 충동이 인다. 하지만 입에 넣고 살짝 베어 무는 순간 배신감을 느끼며 '퉤' 뱉게 된다. 콩배나무 열매의 맛은 운 좋게 잘 익은 걸 골랐다면 단맛을 느낄 수도 있으나 보통은 시큼하고 떫다. 그래서 누군가는 콩배나무 열매의 맛을 '보장할 수 없는 맛'이라고 했다.

콩배나무는 가지가 변한 가시가 있는 나무도 있고 없는 나무도 있다. 1년생 가지는 자갈색 또는 갈색이고 껍질눈이 있다. 가지 배열은 어긋나기다. 겨울눈은 작은 삼각 뿔 모양이고 자갈색 눈비늘은 끝이 살짝 벌어진 모양이다. 잎 떨어진 흔적은 잘 보이지 않지만, 잘 찾아보면 둥근 모양이고 관다발자국은 세 개다. 콩배나무는 단지短枝가 잘 발달한다.

가끔 가지에 둥근 혹 같은 것이 보이기도 한다. 그것은 '콩배나무줄기나방혹'으로, 나방의 유충이 혹 안에서 월동하고 이듬해 봄에 성충이 되어 나온다. 겨울눈에서는 이듬해 3월 말경에 매끈한 잎과 꽃대가 함께 나온다.

1 삼각 뿔 모양의 겨울눈. 2 겨우내 달고 있는 열매의 모습.
3 콩배나무줄기나방혹. 4 3월에 잎과 꽃대가 함께 나온다.

칠엽수

빨간 막대사탕 같은 겨울눈

칠엽수가 숲에서 스스로 자라는 모습은 본 적이 없지만, 사람들이 숲길가에 심은 칠엽수는 종종 본다. 동네 숲에서는 목적에 따라 나무를 심는 일이 종종 있다. 칠엽수는 긴 잎자루 끝에 커다란 잎이 일곱 장 내외로 달리는 겹잎이라 이름이 칠엽수가 되었다. 칠엽수는 흔히 '마로니에'라고 불리기도 하는데, 엄밀히 따지면 마로니에는 지중해 발칸반도가 원산인 가시칠엽수를 말한다.

칠엽수는 겨울눈만 보고도 쉽게 구분된다. 우선 달걀형 겨울눈이 워낙 커 눈에 확 들어오기 때문이다. 게다가 겨울눈을 감싸고 있는 붉은 갈색 눈비늘에 끈적거리는 투명한 진액이 묻어 있어, 마치 꿀을 발라 놓은 막대사탕 같아 한번 눈에 익혀 두면 쉽게 잊히지 않는다. 끈적이는 물질은 겨울눈을 보호하기 위한 것이다. 눈비늘에 작은 거미가 달라붙어 있는 것을 보면 겨울눈을 갉아 먹는 곤충이나 새, 겨울눈에 알을 낳으려고 찾아오는 것들을 꼼짝하지 못하게 묶어 두는 역할도 하는 것 같다. 넓은 겹잎을 여러 장 달고 있던 나무답게 잎 떨어진 흔적도 둥근 삼각형 모양으로 크다. 잎 떨어진 흔적 안에 있는 관다발 자국은 U자 모양으로 많다.

이듬해 3월 말경부터 눈비늘이 뒤로 말리며 벌어지면, 끈적이는 긴 턱잎과 함께 가지와 겹잎이 나온다. 잎이 나오는 모양이 펴다 만 우산 모양으로, 고개를 숙이고 나오다가 어느 정도 시간이 지나면 활짝 펴진다. 꽃은 새 가지 끝에 핀다.

꿀을 바른 막대사탕 모양을 한 칠엽수의 겨울눈과 봄에 잎이 전개되는 모습.

목련

회색 털로 뒤덮인 꽃눈과 잎눈

숲길 조금 안쪽에 야생에서 스스로 자라는 목련이 있다. 겨울 숲에서 목련을 쉽게 알아보는 방법은 겨울눈의 모양과 1년생 가지의 색깔 그리고 그 가지를 두른 선이다. 겨울눈은 회색 긴 털에 싸여 있는데, 꽃눈은 조금 큰 달걀 모양으로 가지 끝에 달려 있고, 잎눈은 꽃눈에 비해 가늘고 짧은 모양으로 가지의 측면에 달려 있다. 1년생 가지는 진한 초록색인데, 그 가지를 손톱으로 살짝 문질러 향기를 맡아 보면 은은한 향기가 난다. 그리고 초록색 가지에는 가지를 두른 선의 흔적이 보인다.

그 선의 종류는 두 가지다. 하나는 가지 끝에 달린 겨울눈을 싸고 있던 눈비늘이 떨어진 흔적이 만든 선이다. 눈비늘이 떨어져서 생긴 흔적을 '아린흔'이라 하는데, 수피가 매끈한 나무에서 잘 보인다. 다른 하나는 잎 떨어진 흔적과 마주난 선이다. 그 선이 왜 생겼을까 겨우내 궁금했는데, 초봄에 겨울눈이 어떻게 전개되는지 확인하기 위해 찾아간 숲에서 목련을 만났을 때 궁금한 점이 풀렸다.

4월경 잎눈에서 전개된 가지에는 살구색 턱잎이 잎과 마주 보고 붙어 있었다. 이 턱잎이 말라서 떨어지면서 생긴 흔적이 가지에 선으로 남은 것이다. 턱잎이 만든 선은 다른 목련과 나무에서도 관찰되는 특징이다. 잎이 나오기 전에 꽃눈에서는 털북숭이 동그란 눈비늘에 세로 선이 한 줄 그어지듯 생기고, 이 선이 벌어지면 초록색 잎이 한 장 나온다. 눈비늘 속에 있던 짙은 회색 턱잎도 벌어져야 하얀색 꽃이 우아하게 고개를 내민다.

초록색 가지에서 털로 감싼 잎눈이 전개되는 모습과
꽃눈에서 꽃이 나오는 모습.

복사나무

색깔이 특별한 1년생 가지

11월 말쯤 숲길을 걷다가 그때까지도 싱싱한 초록색 잎을 달고 있는 나무를 보았다. 다른 나무들은 단풍이 들고 잎이 다 떨어진 상태인데 상록수도 아닌 나무가 초록색 잎을 달고 있으니 눈에 확 들어왔다. 자세히 살펴보니 잎이 달걀 모양으로 길고, 잎끝이 뾰족하며, 잎 가장자리에 얕은 톱니가 있는 복사나무였다.

그 후 다른 곳에서도 복사나무가 유난히 늦게까지 초록 잎을 달고 있다가 낙엽이 지는 모습을 관찰했다. 아직 혈기왕성한 어린나무여서 초록 잎을 달고 있는 것인지, 아니면 유독 늦가을까지 초록색 잎을 달고 있는 물오리나무처럼 뿌리와 공생하는 균들과 관계 맺고 있기 때문인지 관심을 가지고 지켜보고 있다.

복사나무는 1년생 가지의 색깔이 특이하다. 어떤 가지는 붉은색인데 어떤 가지는 초록색이다. 그리고 어떤 가지에서는 한 가지에서 앞뒤로 붉은색과 초록색이 나타나기도 한다. 게다가 가지 측면에 달린 곁눈도 특이하다. 곁눈이 세 개씩이나 달려 있기 때문이다. 일반적으로 잎이 한 장 떨어지면 곁눈이 하나 생기고 그 옆에 달린 것은 덧눈으로 곁눈이 문제가 생길 때 곁눈을 대신하는 역할을 한다. 그러나 복사나무의 덧눈은 보조 역할을 하는 눈이 아니고 정식 곁눈이다.

봄에 싹이 나는 모양을 보니 세 개의 곁눈 중, 중앙의 눈에서는 잎이 나오고, 양쪽에 달린 눈에서는 각각 분홍색 꽃이 피었다. 이런 모습을 보면 자연은 변화와 다양성 그 자체라는 생각이 든다. 늘 새롭고 다르게 보여서 고정된 시선으로 바라보려고 하는 관찰자를 흔들어

어린 가지 색과 겨울눈이 독특한 복사나무.
세 개의 겨울눈 중 가운데에서 잎이 나오고 양쪽에서 꽃이 핀다.

새로운 시선으로 바라보게 한다. 그래서 관찰은 늘 흥미롭다.

숲에서 쉽게 보이는 나무는 아니지만 복사나무같이 곁눈이 세 개인 이스라지라는 나무가 있다. 세 개의 곁눈을 가지고 있는 이스라지는 장미과 떨기나무다. 가지 끝은 말라 죽어 있고, 분칠한 것 같은 얇고 윤기 나는 회백색 가지에 녹두알만 한 겨울눈이 한 개씩 달린 것과, 두 개나 세 개씩 달린 것들이 있다. 이듬해 봄에 복사나무처럼 곁눈에서 꽃자루가 긴 흰색 꽃이 피고 가지와 잎이 나온다. 그 꽃에서 앵두 같은 빨간 열매가 생기는데, 북한에서는 그 열매 모양 때문에 이스라지를 '산앵두나무'라 부른다.

세 개의 곁눈에서 각각 잎과 꽃이 전개된다.

층층나무

꽃보다 잎

층층나무는 가지가 뻗을 때 수평으로 여러 개가 한꺼번에 돌려나기로 자란다. 가지가 마디마디 규칙적으로 가지런한 층을 이루기 때문에 '층층이 나무'라 하기도 하고 아예 계단나무라 부르기도 한다. 숲속에서 다른 나무를 제치고 너무 빨라 자라는 특성이 있어서 '폭목暴木'이라고도 한다. '폭군 나무'라는 뜻이다.

층층나무가 폭목이라 불릴 만큼 빨리 자라려는 모습은 가지에도 잘 나타난다. 층층나무의 1년생 가지를 보면 가지 옆에 달리는 곁눈이 거의 없고, 가지 끝에 끝눈만 달고 있는 것이 많다. 곁가지 없이 끝눈에서 새 가지를 뻗어 쭉쭉 자라려는 전략 같다. 그리고 자유생장을 하는 층층나무는 1년에 두세 번 가지와 잎을 낸다. 봄에 나는 잎은 춘엽春葉, 여름에 다시 나는 잎은 하엽夏葉이라 한다.

층층나무와 같이 자유생장하는 나무는 작년에 겨울눈 속에 다음 해에 자랄 줄기의 원기原基를 미리 만들어 놓는데, 이 원기가 봄에 춘엽이 된다. 그리고 곧이어 새로 만들어진 원기가 여름에 하엽을 만들어, 형태가 다른 두 종류의 잎을 가진 이엽지異葉枝가 된다.

층층나무의 회갈색 줄기는 조각칼로 파놓은 것 같은 가는 골이 세로로 패어 있어 알아보기 쉽다. 그리고 1년생 가지는 멀리서 봐도 알아볼 수 있을 정도로 적자색을 띠며, 가지 끝을 살짝 들어 올린 듯 한 모습으로 자란다. 겨울눈은 긴 달걀 모양으로 윤이 나는 적자색 눈비늘에 싸여 있다. 이듬해 3월 말경에 눈비늘이 유난히 빨간색으로 진해지다가 벌어지면 가장자리에 옅은 갈색 테두리가 있는 잎이 나오는데,

층층나무의 잎이 펼쳐지면 꽃보다 아름다운 모습이 연출된다.

1 층층나무의 겨울눈.
2 싹이 트기 전에 붉게 변한 겨울눈.
3 가는 골이 패어 있는 줄기.

그 갈색의 테두리는 잎이 커지면서 사라진다.

층층나무의 연두색 잎이 펼쳐지는 4월 중순 즈음에는 일부러라도 시간을 내어 층층나무 아래에 꼭 가봐야 한다. 왜냐하면 가지 끝에 예닐곱 장의 잎이 뭉쳐난 듯 펼쳐질 때 층층나무의 잎에 봄 햇살이 쏟아지는 모양을 꼭 감상해야 하기 때문이다. 해맑은 연둣빛 꽃이 핀 듯도 하고, 수천의 초록 나비가 황홀한 군무를 추는 듯도 하고, 사랑스러운 초록별이 쏟아져 걸린 듯 아름답다. 잎이 '꽃보다 아름답다'고 말할 수 있는 나무 중 하나다.

유난히 많이 뻗은 가지 끝마다 핀 연둣빛 '잎꽃'을 볼 수 있는 4월의 봄은 너무 짧아서 게으른 자는 볼 수 없다. 층층나무의 진짜 꽃은 새 가지 끝에 하얀색으로 핀다.

리기다소나무

___
긴 원통 모양을 한 적갈색 겨울눈

땀이 조금 날 정도의 오르막을 오르면 능선길이 펼쳐진다. 능선길에는 리기다소나무가 많이 식재되어 있다. 북아메리카가 원산지인 리기다소나무는 척박하고 건조한 땅에서도 잘 자라고 솔잎혹파리나 재선충 등에도 강해 1970년대에 민둥산을 푸르게 가꾸기 위해 아까시나무와 함께 사방사업황폐지를 복구하거나 토사가 비바람에 유실 또는 붕괴되는 것을 예방하기 위하여 시설하는 사업의 일환으로 많이 심었다.

리기다소나무는 겨울에도 푸른 잎을 달고 있는 큰키나무로, 흑회색 줄기에는 환경의 영향에 따라 부정아에서 돋아난 잎이 뭉쳐나기도 한다. 적갈색 겨울눈은 하얀색 수지가 묻어 있는 긴 원통 모양이다. 가지에 달린 잎은 세 개씩 모여난다.

산에서 만난 리기다소나무에는 청서 둥지가 여러 개 있었다. 청서는 한겨울에도 눈에 띄지 않도록 늘 푸른 소나무나 리기다소나무 등에 둥지를 만든다. 둥지의 가장자리는 나뭇가지로 두르고 가운데는 연한 풀을 쓰거나 동물의 털이나 수피를 갉아서 사용한다. 청서가 봄에 나무껍질을 벗겨서 둘둘 말아 입에 물고 다니거나, 농사용 보온재를 뜯어 가다가 나와 눈이 마주친 적도 있다. 둥지는 번식을 위해 사용하기도 하고, 밤에 잠을 자기 위해서도 사용한다. 그리고 겨울잠을 안 자는 청서는 겨울이 오면 추위를 피해 짧은 시간 동안 밖으로 나와 숨겨 놓은 먹이를 찾아 먹고, 물을 마신 후 주로 집에서 머문다. 청서가 둥지를 사용하는 이유는 사람과 크게 다르지 않다.

1 겨울눈.
2 리기다소나무에 만든 청서의 둥지.
3 부정아에서 전개된 리기다소나무의 잎.
4 리기다소나무가 식재된 능선길.

아까시나무

겨울눈 숨기기 대장

리기다소나무는 끊어졌다 이어졌다 하면서 산 능선 길을 따라 계속 나타난다. 리기다소나무가 자라지 않는 곳에는 층층나무, 팥배나무, 아까시나무 등 키가 큰 활엽수들이 자리 잡고 있고, 싸리나 찔레꽃 같은 작은 관목들도 자라고 있다. 리기다소나무 한 종만 자라고 있는 숲과는 달리 그곳에서는 유난히 많은 새소리를 들을 수 있다. 박새, 쇠박새, 동고비, 까마귀 소리가 들리고, 오색딱따구리가 나무를 쪼는 소리도 간간이 들린다. 어치 몇 마리도 몰려다니며 자기들끼리 뭐라고 소리친다.

겨울 숲은 잎이 없어 시야가 넓고 깊어, 새의 모습과 소리를 함께 들을 수 있다. 하지만 봄이 오고 숲이 나뭇잎으로 다시 채워지면 숲은 많은 것들을 감추고 쉬이 보여 주지 않는다. 그때는 소리를 이용하여 숲에서 일어나는 일들을 짐작할 수 있고, 새소리로 숲속에 어느 새가 살고 무엇을 하고 있는지도 짐작할 수 있다. 겨울에 새의 모습이 보일 때마다 소리와 연관 지어 익혀 두면 사계절 숲속을 걸어갈 때 들리는 소리를 알아차릴 수 있어 숲길 걷기가 지루하거나 심심하지 않을 것이다.

쇠박새 몇 마리가 아까시나무에 남아 있는 씨앗을 먹고 있는 모습이 눈에 들어왔다. 아까시나무도 리기다소나무와 같은 시기인 1970년대 북아메리카에서 들여와 나무가 없던 민둥산이었던 시대에 숲을 푸르게 만들었다. 특히 아까시나무는 뿌리혹박테리아와 공생하여 토양을 비옥하게 하는 데도 큰 역할을 했다. 척박한 토양과 민둥산에 이 나무

보물처럼 겨울눈을 숨겨 놓은 아까시나무. 간혹 단엽이 나오기도 한다.

들이 터를 잡고 푸르게 해 주었기 때문에, 이제는 산에 우리나라 고유 수목들이 자라서 숲을 푸르고 안정된 모습으로 유지해 나가고 있다.

아까시나무는 줄기가 회갈색으로 세로로 골이 져 있다. 1년생 가지는 황갈색으로 껍질눈이 있고 마주난 가시가 있다. 턱잎이 변해 생긴 아까시나무의 가시는 새 가지에서 나올 때는 흑자주색을 띤다. 처음에는 억세지 않아 만지면 부드럽게 휘어지지만 시간이 지날수록 딱딱해진다.

아까시나무는 보물 숨기기 대장이다. 아까시나무가 꼭꼭 숨겨 놓은 겨울눈은 1년생 가지를 유심히 관찰해야만 찾을 수 있다. 겨울눈을 숨겨 둔 곳은 먼저 굵은 가시가 양쪽으로 보초를 서며 보호하고 있다. 그 가시 사이에 있을까 찾아보아도 그곳에는 잎 떨어진 흔적만 있다. 그럼 겨울눈은 어디에 숨겨 놓은 것일까?

겨울눈은 바로 잎 떨어진 흔적 속에 있다. 잎 떨어진 흔적을 자세히 보면 약간 벌어진 틈이 있는데, 겨울눈은 그 속에서 겨울 추위는 물론 겨울눈을 먹는 동물을 피해 안전하게 쉬고 있을 것이다. 이 정도면 가장 완벽한 겨울눈 보호법이 아닐까?

이듬해 4월 중순 즈음에 숨어 있던 겨울눈이 막을 뚫고 새 가지와 잎을 함께 낸다. 흰 꽃은 새 가지의 잎겨드랑이에 핀다. 새잎이 나올 때 간혹 둥근 홑잎이 나오는 경우도 있다는 점이 특이하다. 아까시나무 잎은 분명 겹잎인데 홑잎 한 장이 쏙 고개를 내미는 것은 무슨 이유 때문일까?

찔레꽃

쌀알 같은 빨간 겨울눈

겨울에도 열매를 달고 있는 찔레꽃의 겨울눈은 유난히 빨갛다. 가지에는 작고 굽은 가시가 나 있는데, 가지를 잘못 만지면 그 가시에 찔린다 해서 이름이 찔레꽃이 되었다고 한다. 찔레꽃은 숲 가장자리나 양지바른 곳에서 가지를 아래로 늘어뜨리는 넌출줄기가 길게 뻗어 나가 늘어진 식물의 줄기나무다.

겨울에 찔레꽃은 줄기가 뻗은 형태나 남아 있는 열매를 보고 알아보는데, 쌀알 같은 작고 빨간 겨울눈을 알아 두면 겨울눈으로도 찔레꽃을 구별할 수 있다. 찔레꽃의 가시는 껍질이 변해 생긴 것으로 쉽게 떨어지며, 색깔이 마른 듯하고 굽은 모양이다. 이듬해 3월경에 겨울눈에서 가지와 겹잎이 나온다. 흰색 꽃은 새 가지 끝에 핀다. 백난아가 부른 옛 가요 '찔레꽃'의 가사 중에 "찔레꽃 붉게 피는 남쪽 나라

1 3월경 겨울눈에서 싹이 나온다.
2 빨간색 겨울눈과 아래로 굽은 가시.
3 좋은 향기가 나는 하얀 꽃.

내 고향"이 있어 찔레꽃을 붉은색으로 알고 있는 사람이 있는데, 가요에서 언급한 찔레꽃은 해당화로 남쪽 지방에서는 해당화에 가시가 많다고 찔레꽃으로 부르기도 했다.

찔레꽃은 어릴 적 추억의 나무다. 통통하게 물이 오른 찔레꽃의 순을 따서 껍질을 벗기고 한 입 베어 물면 사각사각 씹히는 질감이 느껴지고 들쩍지근한 맛이 난다. 그 맛이 좋아서 친구들과 많이 꺾어 먹었던 기억이 새록새록 떠오른다. 그 기억 때문에 지금도 찔레꽃을 보면 나무 밑동 쪽에 나 있는 순을 하나 꺾어서 맛을 본다. 역시 그때 그 맛이다. 하얀 찔레꽃이 피면 그 향기는 또 얼마나 좋은지. 가던 발걸음을 멈추고 '흡흡' 일부러 큰 숨을 쉬며 코로 향기를 들이마신다.

산초나무

굵은 줄기와 1년생 가지의 가시 모양이 다른 나무

산초나무는 열매나 잎에서 강한 향기가 난다. 열매로 기름을 짜거나, 살짝 덜 익은 씨앗을 열매껍질과 함께 들기름에 살짝 볶다가 두부전을 하면 산초향이 어우러져 맛있는 요리가 된다. 산초나무는 우리나라 전역에서 만날 수 있으며, 그리 높지 않은 산의 양지바른 곳에서 잘 자란다. 척박한 땅에서도 잘 자라고 추위에도 강하지만 그늘진 곳에서는 잘 자라지 못한다.

산초나무의 굵은 줄기에는 특이한 생김새의 가시가 붙어 있다. 갯바위에 붙어 있는 따개비 모양으로 볼록 튀어나와 있고, 그 위에 끝이 뾰족한 가시가 나 있다. 따개비 모양의 가시 밑부분에는 가로줄무늬도 겹쳐 있어 시간의 흔적인 나이테가 새겨진 듯 보인다. 하지만 1년생 가지에 달린 가시는 일반적인 가시 모양으로 뾰족하고 어긋나게 달려 있다.

1년생 가지에는 가시 외에도 겨울눈이 있는데, 작고 둥근 적갈색 겨울눈은 어긋나기로 달려 있다. 잎 떨어진 흔적은 작은 반원 모양이고 관다발 자국은 세 개다. 겨울에도 갈라진 열매껍질 사이로 작고 둥근 열매가 열매자루에 달려 있는 것을 볼 수 있다.

이듬해 다른 나무보다 좀 늦은 4월 말경에 가지 아래쪽에 달린 곁눈에서는 겹잎만 두 장씩 나오고, 가지 끝에 있는 끝눈과 끝눈 아래의 곁눈에서는 새 가지와 겹잎이 함께 나오는 경우가 많다. 새 가지 끝에서 연노란색 꽃이 핀다.

1 4월 말경 겨울눈에서 싹이 나오고 있다.
2 산초나무 열매.
3 따개비같이 줄기에 붙어 있는 가시.

누리장나무

익살스러운 모양의 잎 떨어진 흔적

누리장나무는 누린내가 나무의 잎이나 가지에서 난다 해서 이런 이름이 붙었다. 50대 이상의 사람들은 이 냄새를 과거 한때 국민영양제였던 '원기소'의 냄새와 비슷하다며 추억을 떠올리기도 하지만 요즘 아이들은 '우웩' 하며 코를 틀어막고 고개를 돌린다.

누리장나무는 회색 줄기에 오톨도톨한 껍질눈이 있다. 1년생 가지는 누런색 짧은 털로 덮여 있기도 하지만 털이 점점 사라지기도 한다. 곁눈은 마주난 배열이고, 끝눈은 자주색으로 작다. 겨울에 누리장나무를 쉽게 알아보려면 잎 떨어진 흔적 모양을 기억해 두면 좋다.

누리장나무의 잎 떨어진 흔적을 보면 《아낌없이 주는 나무》의 작가 쉘 실버스타인의 그림책 《어디로 갔을까, 나의 한쪽은》의 주인공이 떠오른다. 누리장나무의 잎 떨어진 흔적은 잃어버린 조각을 찾아 길을 떠나는 그림책 속 '이가 빠진 동그라미' 모양과 닮았다. 누리장나무의 '이가 빠진 동그라미'는 잃어버린 조각을 찾아 여행하던 중 덧눈을 만나 모양을 맞추어 보았는데 너무 작았다. 다음에는 조금 큰 세모 모양의 곁눈을 만나 또 조각 모양을 맞추어 보았지만 너무 컸다. 아쉬운 대로 세모 모양의 곁눈으로 떨어져 나간 조각의 입구를 막고 추운 겨울을 쉬어 가기로 한다.

누리장나무는 이듬해 4월경 겨울눈에서 싹이 터서 초록색 가지와 잎을 함께 낸다. 누리장나무의 마주난 곁눈에서 모두 싹이 나는 것은 아니다. 마주난 곁눈 중 한쪽 곁눈에서는 싹이 트는데, 한쪽 곁눈에서는 싹이 나지 않는 경우도 가끔 관찰된다.

1 누런 털에 덮인 가지. 2 보라색 겨울눈과 익살스러운 느낌의 잎 떨어진 흔적.
3 4월경에 싹이 나온다. 4 마주난 겨울눈 중 한쪽만 싹이 텄다.
5 끝눈에서 가지와 잎이 나온 모습. 6 흑진주 같은 누리장나무의 열매.

떡갈나무

누런 털에 덮인 굵은 가지와 겨울눈

겨울에도 잎을 달고 있는 참나무와 당단풍나무의 잎들이 약한 바람에도 호들갑을 떨며 '사라라락 사라라락' 떠들어 댄다. 그 소리에 가만히 귀 기울여 보면 리듬이 느껴진다. 리듬은 바람이 주도하여 만든다. 잎은 바람이 이끄는 대로 경쾌하고 발랄한 소리로 화답한다. 시인은 이런 소리를 듣고 시를 쓰고, 가수는 노래를 만들어 부른다. 나는 잠시 발걸음을 멈추고 그 소리를 가슴에 담는다.

흔들리는 나뭇잎 중에는 묵직한 잎을 달고 있는 떡갈나무가 있다. 떡갈나무 잎으로 떡을 싸서 보관하면 떡이 금방 쉬지 않고 벌레도 잘 안 생긴다고 해서 옛 사람들이 많이 이용한 나무다. 떡갈나무의 흑갈색 줄기는 세로로 갈라지고, 1년생 가지는 굵고 골이 져 있다. 골이 패어 있는 가지에는 회색 털이 수두룩하다. 굵은 가지에 남아 있는 잎 떨어진 흔적 역시 반원 모양으로 크다. 잎 떨어진 흔적과 잎의 크기는 일반적으로 비례한다. 가지 끝에는 여러 개의 겨울눈이 옹기종기 모여 있는데, 중앙에 제일 큰 눈이 있다. 겨울눈은 가지의 굵기에 비해 그리 크지는 않은 편인데, 털이 수두룩하게 나 있고, 긴 털 같은 턱잎도 있어 다소 지저분한 모양이다.

겨울눈이 터질 때면 화산이 폭발하듯 역동적인 모습이다. 4월경에 눈비늘이 벌어지며 각이 지고 털이 잔뜩 난 초록색 가지가 쭉 뻗어 나올 때 수꽃과 잎도 한꺼번에 뻗어 올라온다. 어린 새잎은 잎 전체에 나 있는 솜털 때문에 포근해 보이고, 잎 가장자리의 빨간 테두리 때문에 새잎이 꽃처럼 보인다. 암꽃은 새 가지 끝의 잎겨드랑이에 생긴다.

1 누런 털로 뒤덮인 가지와 겨울눈.
2 솜털 때문에 포근해 보이는 새잎.   3 눈비늘이 벌어지며 전개되는 수꽃과 잎.
4 4월경 화산이 폭발하듯 역동적으로 뻗는 가지.

붉나무

잎 떨어진 흔적이 독특한 개성파 나무

붉나무는 초가을부터 유난히 붉은 단풍이 든다고 해서 이런 이름이 붙었다. 붉나무는 예로부터 소금을 얻을 수 있는 염부목鹽膚木, 즉 '소금나무'라 불렀다. 가지 끝에 달린 붉나무 열매가 익으면 하얀 침전물이 생기는데, 짠맛이 있어서 사람들은 이를 모아 소금 대용으로 사용했다. 이를 목염木鹽이라고 하는데 소금 맛이 나는 능금산칼슘이 주성분으로, 나트륨이 들어 있는 일반 소금과는 근본이 다르다.

붉나무는 숲 안쪽보다 숲 가장자리나 숲의 빈터에서 흔히 볼 수 있다. 이 나무가 햇빛을 좋아하기 때문이다. 붉나무가 숲 안에서 다른 나무들과 함께 자랄 때는 이 나무가 햇빛을 좋아한다는 사실을 몰랐는데, 주변에 다른 나무가 없고 햇빛이 많이 드는 장소에서 자라는 붉나무를 보고 알았다. 붉나무는 숲속에서는 보통 왜소하게 자라지만, 해가 잘 드는 곳에서는 어느 큰키나무 못지않게 굵고 크게 자란다.

붉나무는 잎 떨어진 흔적의 생김새가 독특하다. 일반적으로 나무의 잎 떨어진 흔적은 겨울눈 아래에 다양한 형태로 나타난다. 그러나 붉나무의 잎 떨어진 흔적은 겨울눈의 절반 이상을 감싸고 있는 V자 모양으로 되어 있다. 조선 시대 양반집 여인들이 외출할 때 얼굴을 가린 쓰개치마처럼 잎자루가 겨울눈의 절반 이상을 감싸고 있다. 붉나무는 겨울눈을 보호하는 방법 또한 독특하다. 잎이 떨어지고 모습을 드러낸 겨울눈은 갈색 털로 덮인 맨눈이다. 잎자루가 안전하게 보호하고 있던 겨울눈을 따뜻한 털로 감싸 놓은 것이다.

따뜻한 털로 겨울은 안전하게 보낸 겨울눈에서는 이듬해 4월경에 갈

붉나무의 열매자루가 겨울에도 가지 끝에 달려 있다.

1 빼꼼히 고개를 내민 겨울눈.
2 겨울눈의 절반 이상을 감싼 잎 떨어진 흔적.
3 4월경에 맨눈이 벌어지며 싹이 나온다.

색 털이 일어나듯 펴져 그대로 겹잎으로 전개되고 가지를 뻗는다. 꽃은 새 가지 끝에 흰색으로 핀다. 붉나무의 줄기는 회갈색으로 오돌토돌한 껍질눈이 있다. 겨울눈의 배열은 어긋나기이고 가지 끝의 끝눈 주변에 열매자루 떨어진 흔적이 동그랗게 보인다.

붉나무의 수형을 보면 가지가 많지 않고 성긴 모습이다. 겨울눈이 전개되는 모습을 관찰해 보면 그 이유가 이해된다. 가지 끝의 눈과 가지 끝에 있는 두세 개의 곁눈에서 잎과 가지가 뻗는데, 가지 아랫부분에 달린 곁눈에서는 잎만 나오기도 하고 아예 잎이 나오지 않는 것도 있다. 전개되는 가지가 적으니 당연히 이렇게 보일 수밖에 없다.

관찰해 보면 나무가 겨울눈을 만들어 놓아도 모든 겨울눈에서 싹이 나지 않는다는 사실을 짐작할 수 있다. 나무가 겨울눈을 어디에 만들었는지, 꽃눈과 잎눈은 가지의 어느 부분에 달려 있는지 관찰하고, 이듬해 봄에 겨울눈이 전개되는 것을 유심히 보면, 나무가 어떤 모양으로 가지를 뻗을지 짐작할 수 있다.

청미래덩굴

잎자루 속에서 겨울을 나는 겨울눈

나무마다 겨울눈을 보호하는 방법이 다르지만 청미래덩굴은 특히 독특하다. 개성파 붉나무보다 훨씬 신중하게 겨울눈을 보호하고 있다. 청미래덩굴의 겨울눈과 눈을 맞추려면 인내심이 필요하다.

겨울 숲에 가면 동그란 잎몸만 떨어져 나간 잎자루에 묵은 덩굴손만 긴 수염처럼 달고 있는 청미래덩굴을 볼 수 있다. 겨울눈이 어디 있나 아무리 찾아봐도 보이지 않는다. 겨울눈을 보려면 이듬해 봄까지 기다려야 한다. 겨울이 지나고 4월 중순 즈음이 되어 잎자루가 벌어져야만 겨울눈이 보이기 때문이다. 그때 겨울눈에서 새 가지와 덩굴손이 달린 잎이 나온다. 줄기에는 구부러진 녹갈색 가시가 있다.

청미래덩굴과 이름이 비슷한 청가시덩굴은 녹색 줄기에, 줄기와 90도 각도로 뻗은 곧고 검은 가시가 있다. 겨울눈은 청미래덩굴과 마찬가지로 잎몸이 떨어져 나간 잎자루에 싸여 있다. 청미래덩굴의 붉은색 열매는 겨울에도 달려 있는 것을 볼 수 있는데, 검은색 청가시덩굴의 열매는 이미 다 떨어지고 없거나 간혹 한두 개 볼 수 있다.

청미래덩굴은 주로 남부지방이나 해안가의 숲 가장자리에서 무리를 이루며 살아가지만 중부지방의 숲에서도 해안가만큼은 아니지만 비교적 잘 자란다. 청미래덩굴을 남부 지방에서는 망개나무라고 부르기도 했다. 이 망개나무 잎, 즉 청미래덩굴 잎으로 떡을 싸서 찌면 서로 달라붙지 않고 향이 배어 들어가 맛도 좋고, 오랫동안 쉬지 않는다고 한다. 종이나 비닐 대신 청미래덩굴 잎으로 떡을 싸면 촉촉하고 은은한 향과 어우러져 풍미가 있을 뿐만 아니라 쓰레기도 만들지 않는다.

1 4월 중순 잎자루가 벌어져야 보이는 겨울눈.
2 겨울눈에서 줄기와 덩굴손이 달린 잎이 나온다.
3 겨울눈에서 전개된 새 줄기에 달린 잎과 꽃.
4 청가시덩굴의 곧고 검은 가시.

개옻나무

맨눈이 펼쳐지면 나오는 가지와 잎

개옻나무도 '개성'으로 치자면 어떤 나무에도 뒤지지 않는다. 먼저 1년생 가지의 아랫부분에 긴 수수 이삭이 매달려 있는 것 같은 열매차례가 보인다. 암나무에서만 볼 수 있는 열매차례는 가지의 잎 떨어진 흔적 위에 매달려 있다. 열매는 베이지색으로 동글납작하고 가시 같은 털이 빽빽이 나 있다.

개옻나무의 특이한 붉은색 엽축겹잎에서 작은잎이 달려 있던 잎의 줄기이 시작되는 부분엽침, pulvinus은 낙엽이 다 떨어진 숲속에 오랫동안 남아서 개성을 뽐낸다. 엽축이 시작되는 부분은 겹잎의 무게를 지탱하기 위해서인지 통통하며 크다. 큰 엽축은 커다란 하트 모양의 흔적을 남기고 떨어진다.

또 특이한 점은 겨울눈이다. 가지 끝에 만든 끝눈은 맨눈으로 크다. 큰 맨눈에 비해 가지 옆에 달린 곁눈은 동그란 점 하나 찍어 놓은 모양으로 아주 작다. 그나마 가지 아래쪽의 잎 떨어진 흔적 위에는 곁눈을 만들지도 않았다. 대부분의 나무는 잎이 하나 있으면, 그 잎겨드랑이에 겨울눈을 하나 만드는데, 개옻나무가 겨울눈을 만들지 않은 것은 다음 해에 아래쪽 가지에 새로운 가지를 만들지 않겠다는 의미다. 그래서 개옻나무의 수형은 가지가 많이 있는 수형이 아니고 끝 가지와 몇몇 가지들만 성기게 뻗은 모양이다.

4월 초순에 누런 털로 덮인 맨눈은 오므린 겹잎을 펼친다. 일어난 잎 사이로 붉은색 가지와 잎이 나오고, 가지 아랫부분의 잎겨드랑이에는 꽃대가 생긴다.

1 하트 모양의 잎 떨어진 흔적. 2 맨눈으로 겨울을 난다.
3 맨눈이 오므렸던 잎을 펼치고 있다.
4 가지 아랫부분에 달린 열매자루.

진달래

진갈철모, 진위철중, 진지철쭉

겨울나무 공부를 시작할 때 외운 몇 가지 사자성어가 있다. 선배들이 진달래와 철쭉을 쉽게 구별하기 위해 만든 팁이다. 우선 '진갈철모'. 겨울에 보이는 진달래의 열매 모양은 깊게 갈라져 있고, 철쭉의 열매는 모여 있는듯 갈라져 있다는 말이다. 그 다음은 '진위철중'. 반원형의 잎 떨어진 흔적 속에 있는 한 개의 관다발 자국이 진달래는 중앙에서 조금 위에 있고, 철쭉은 중앙에 있다는 것이다. 나도 하나 만들어 보았다. '진지철쭉'. 진달래의 가지는 지저분하고, 철쭉의 가지는 곧게 쭉 뻗었다는 의미다. 그 이유는 진달래의 1년생 가지 측면에는 곁눈과 잎 떨어진 흔적이 있어 지저분하고, 철쭉은 1년생 가지 끝에만 눈이 있어 가지가 지저분하지 않고 쭉 뻗었기 때문이다.

봄에 진달래를 못 알아보는 사람은 아마 없을 것이다. 진달래꽃이 피면 진달래 꽃잎을 따서 그냥 먹기도 하고 화전을 만들어 먹기도 한다. 진달래는 먹을 수 있는 꽃이라 해서 '참꽃'이라 불렀다. 그러나 진달래의 꽃이 없는 겨울에 진달래를 알아보는 사람은 별로 없을 것이다. 겨울에 진달래 가지를 자세히 관찰해 둔다면 겨울에 숲길을 걸을 때도 '그래, 너는 진달래지? 추운 겨울 잘 지냈다가 초봄에 분홍색 꽃으로 만나자'라고 격려해 줄 수 있을 것이다.

진달래는 회백색 줄기가 매끈한 떨기나무다. 1년생 가지는 황갈색으로 매끈하고, 곁눈은 어긋나 있다. 황갈색 눈비늘에 싸인 달걀 모양 꽃눈은 이듬해 3월경에 분홍색 꽃을 피운다. 잎눈은 꽃눈보다 얇은 달걀 모양으로, 꽃보다 늦게 잎을 낸다.

1 꽃눈은 동그스름한 달걀 모양이다.　2 꽃눈이 먼저 분홍색 꽃을 피운다.
3 꽃이 먼저 피고 잎이 나온다.　4 진달래 열매는 갈라져 있다.

물오리나무

다양한 모습으로 존재감을 드러내는 겨울눈

작은 솔방울 모양의 열매를 겨울에도 달고 있는 물오리나무는 이름에 '물'이 붙어 물가에서 많이 자라는 나무일 것 같지만, 산행하며 관찰해 보면 산의 낮은 곳에서부터 높은 곳까지 골고루 자라는 나무다. 겨울에도 열매자루가 매달려 있어 눈에 잘 띈다.

물오리나무의 줄기는 흑갈색으로 수피가 가로로 터지는 큰키나무다. 1년생 가지는 연갈색으로 껍질눈이 있다. 잎 떨어진 흔적은 둥근 모양이고, 세 개의 관다발 자국은 두 눈과 입이 있는 동물의 얼굴 모양이다. 장난기 어린 침팬지의 얼굴 같기도 하고 겁먹은 판다의 표정을 닮기도 했다. 관다발 자국의 모양은 나무마다 달라 관찰하는 재미가 쏠쏠하다. 곁눈은 어긋나기로 달린다.

겨울눈은 세 가지 모양으로 존재감을 나타낸다. 첫째, 잎눈은 눈자루가 달려 있어 짧게 잘라 놓은 성냥개비 모양이다. 겨울눈의 색깔도 성냥처럼 짙은 자주색이다. 둘째, 3~4센티미터 정도 되는 자갈색 원통 모양의 수꽃차례가 겨울 동안 매달려 있다. 셋째, 암꽃차례는 수꽃차례 위에 1.5센티미터 되는 자갈색 작은 원통 모양으로 달려 있다. 이듬해 3월 초가 되면 수꽃차례가 길게 늘어지며 꽃가루를 바람에 날려 보낸다. 이때 붉은색으로 짙어지는 암꽃차례도 벌어지며 꽃가루를 받는다. 암꽃눈은 수꽃가루가 바람에 날릴 때 같은 가지의 수꽃가루와 수정을 피하기 위해 수꽃눈의 위쪽에 달려 있다. 3월 말경에 잎눈에서는 가지와 잎이 함께 나온다.

1 10월의 겨울눈과 잎. 잎은 늦가을까지 초록빛을 유지한다. 2 성냥개비같이 생긴 잎눈.
3 열매, 암꽃차례, 수꽃차례. 4 3월경 수꽃차례가 늘어지며 꽃가루를 날릴 준비를 한다.
5 3월 말경 잎눈에서 싹이 나기 시작한다.

작살나무

맨눈으로 추위를 이겨 내다

작살나무는 열매가 보랏빛 쌀 자미(紫米)를 떠올리게 해서 자(紫)쌀나무라 하다가 작살나무가 되었다는 이름의 유래가 있다. 또 작살나무의 가지가 정확하게 마주나기 한 모양이라 고기를 잡는 작살과 닮아서 이런 이름이 생겨난 것이라고도 한다.

작살나무의 겨울눈은 맨눈이다. 그 맨눈을 자세히 보면 작은 잎 두 장이 마주 보고 붙어 있는 모양으로 가녀린 잎맥이 보인다. 추위쯤은 이겨 낼 수 있다는 자신감으로 눈비늘이 없는 맨눈을 만들었는데, 혹시나 하는 걱정스러운 마음에 누런 털로 맨눈을 덮었다. 맨눈의 겨울눈 아래에는 눈자루도 만들었다. 회갈색 껍질눈이 있는 1년생 가지의 곁눈에는 세로덧눈이 달려 있고, 곁눈은 마주나 있다. 잎 떨어진 흔적은 둥근 모양이고 관다발 자국은 중앙에 한 개다. 이듬해 3월 말경부터 맨눈으로 있던 겨울눈이 그대로 일어나며 잎이 전개되고 자주색 새 가지를 뻗는다. 꽃대는 새 가지의 잎겨드랑이에 생긴다.

《파브르 식물기》에 작살나무의 맨눈에 관한 이런 설명이 있다. "작살나무 같은 것은 자기 눈에 아무 옷도 입히지 않은 채 눈얼음 속에 버려 두고 있다. … 이 엄격한 훈련은 무엇 때문일까? 검소해서일까? 그렇다면 너무 인색한 것이다. 나는 그들이 자신의 눈을 벌거벗긴 채 찬 눈바람 속에 버려 두는 것은 강건한 체질을 만들기 위해서라고 생각한다." 건강한 체질을 만들기 위해 한겨울 혹독한 추위에 맨눈으로 견디는 나무는 우리에게 어려운 환경을 이겨 낼 수 있도록 체력을 단련하라고 말하는 것 같다.

1 눈자루가 있는 작살나무의 맨눈.
2 3월 말경에 맨눈이 그대로 일어나 잎을 펼친다.
3 보라색 쌀을 떠올리게 하는 열매.

생강나무

관찰의 즐거움을 알게 해 주는 나무

이른 봄 숲속에서 잎보다 먼저 샛노란 꽃을 피우는 생강나무는 이름에서 알 수 있듯이 생강과 관련이 깊다. 나뭇잎을 비비거나 가지를 살짝 긁으면 은은한 생강 향기가 난다. 어른들은 이 향기를 맡으면 생강 향이라고 하는데, 아이들은 레몬향이라며 좋아한다.

생강나무는 관찰의 즐거움을 만끽할 수 있게 해 주는 나무다. 생강나무의 초록색 1년생 가지를 자세히 관찰해 보면 두 가지 형태의 겨울눈을 발견할 수 있다. 하나는 동그란 모양의 꽃눈으로 가지의 아랫부분에 생기고, 다른 하나는 잎눈으로 가지의 끝부분에 달린다.

생강나무의 꽃도 살펴보아야 한다. 꽃눈은 2월 중순부터 부풀어 올라 3월 초순이면 노란 꽃을 피운다. 그 꽃에서 작은 열매가 생기기 시작하는데, 모든 꽃에 열매가 생기는 것은 아니고 암나무에서만 열매가 생긴다. 그때 어느 나무에서 열매가 생겼나 찾아보는 것도 재미있다. 열매를 찾아보며 경험한 것은 꽃과 한두 장의 잎이 함께 있는 곳의 꽃에 열매가 달리는 경우가 많았다. 아기 열매를 키우기 위해 한 장의 잎이라도 더 만들어 영양분을 공급해 주려는 것이 아닐까 싶다.

4월 초순 정도에 잎눈에서 나오는 가지와 잎도 관찰한다. 하트 모양의 잎이 먼저 나오고 가지를 좀 더 뻗으면서 산 모양의 잎이 나온다. 씨앗에서 발아하는 가지에서도 같은 순서로 잎을 낸다. 숲속에서 자연 발아한 생강나무에서도 땅에서 뻗은 가지에 하트 모양의 잎이 먼저 나오고 뒤에 산 모양의 잎이 나온다. 잎의 모양이 다른 것은 같은 나뭇가지에서 햇빛을 골고루 나누어 받으려는 생강나무의 전략이 아닐까 싶다.

1 길쭉한 잎눈과 동그란 꽃눈.
2 꽃눈에서 먼저 노란색 꽃이 핀다.
3 잎은 꽃보다 나중에 나온다. 간혹 꽃눈에서 꽃이 질 때쯤 잎이 피는 경우도 있다.

4 가지가 잘린 흔적.
5 암나무에 초록색 열매가 생겼다.
6 자연발아한 나무에서도 하트 모양 잎이 먼저 나오고 산 모양 잎이 나중에 나온다.

마지막으로 관찰할 부분은 생강나무의 가지가 매끈하고 오목하게 잘린 흔적이다. 잘려서 떨어진 가지는 생강나무 주변에서 찾을 수 있는데, 떨어진 가지를 주워 잘린 흔적에 대어 보면 어느 가지에서 잘린 것인지 알 수 있다.

가지를 그렇게 말끔하게 자른 녀석은 굵은수염하늘소라는 곤충으로 몸의 길이가 2센티미터 정도이며, 겉날개가 붉은 갈색이고 굵은 더듬이가 톱날처럼 생겼다. 성충이 5~7월에 짝짓기를 한 후 생강나무 가지에 알을 낳으면 가지에서 깨어난 애벌레가 잘려 떨어질 가지 속으로 들어가 가지를 동그랗게 자르고 가지와 함께 땅으로 떨어진다. 그리고 그 속에서 생활하다 월동 후 번데기가 되고, 번데기에서 깨어난 성충은 막았던 가지를 뚫고 성충이 되어 나온다.

굵은수염하늘소가 자른 가지를 보면 어떻게 이리도 말끔하고 동그랗게 잘랐는지 그저 놀랍기만 하다. 겨울 추위에 대비하고 다른 곤충들의 침입을 막기 위해 구멍 입구를 막은 흔적을 보면 또 한 번 감탄하게 된다. 굵은수염하늘소가 자른 가지 흔적은 잎이 없는 겨울 숲에서 유난히 잘 보인다.

숲속의 보물들

칠보산과 더불어 살아가는 생명들

우리 마을 뒷산의 이름은 칠보산이다. 칠보산에는 원래 산삼, 맷돌, 잣나무, 황금수탉, 호랑이, 절, 장사, 금 등 여덟 개의 보물이 있었으나, 황금수탉이 사라져 칠보산이 되었다고 한다. 보물이 있는 산이라는 말만 들어도 부자가 된 느낌이다. 지금 이 보물 중에 남아 있는 것은 거의 없지만, 알고 보면 칠보산에는 더 많은 보물이 있다. 칠보치마를 비롯한 다양한 풀과 나무, 전설이 있는 바위와 습지, 고라니·청서·다람쥐를 비롯한 야생동물, 칠보산을 잠시 들렀다 가는 아름다운 팔색조를 비롯하여 노랫소리가 다양한 꾀꼬리와 솔부엉이 같은 철새와 텃새, 그리고 칠보산을 아끼고 사랑하는 사람들이 있다. 이렇게 칠보산과 더불어 살아가는 모든 생명이 칠보산의 보물이다.

집에 돌아오며 오늘 만난 나무를 생각해 보았다. 그중 가장 생각나는 나무는 진달래다. 진달래꽃이 한 송이 두 송이 분홍색으로 피어날 때 아이 친구 엄마들과 칠보산 주변으로 산책하러 갔다가 진달래꽃의 새콤달콤한 맛도 보고, 밭둑에 쪼그리고 앉아서 냉이를 한두 주먹 캐어 냉이된장국을 끓여 먹던 생각이 났기 때문이다.

개인적으로 가장 친근하게 느껴지는 나무는 청미래덩굴이다. 아주 어릴 적, 뻐꾸기 소리가 무서워 숲길 바닥에 엎드렸을 때 청미래덩굴의 잎사귀를 보았다. 동그랗고 반짝이는 그 잎사귀가 너무 예쁘게 생겨서 바라보는 동안 무섭게 들리던 뻐꾸기 소리가 들리지 않았고 마음에 안정을 얻을 수 있었다. 청미래덩굴의 잎사귀 덕에 무서움을 이겨낼 수 있었던 것이다. 그 잎사귀가 달린 나무 이름을 모르고 살다가

1 상수리나무에 둥지를 만든 꾀꼬리.
2 겨울잠을 자려는 네발나비가 풀잎에 거꾸로 매달려 있다. 3 구름버섯. 4 다람쥐.

5 짝짓기를 하는 두꺼비. 6 조개나물.
7 칠보산에서 잠시 쉬어 가는 팔색조. 8 개쓴풀.

나무 공부를 하면서 이름이 청미래덩굴이라는 것을 알게 되었을 때 얼마나 기뻤는지 모른다. 그 뒤로 청미래덩굴의 가시도 사랑스럽고, 덩굴손도 기특하고, 열매도 너무나 예뻐 보였다. 청미래덩굴과 함께 사는 청띠신선나비가 아름다웠고, 청띠신선나비 애벌레의 가시 같은 돌기도 사랑스러웠다. 무엇이나 이렇게 한번 인연을 맺으면 그것에 더 관심이 생기고 소중히 여기는 마음과 친근함이 생기는 것 같다.

집에서 가까운 곳에 숲이나 공원 또는 일부러 찾아가서 만날 수 있는 나무와 자연이 있다는 것은 축복이다. 그곳에서 살아가는 생명과 인연을 맺고 살면 훨씬 더 풍요로운 삶을 살 수 있다. 일부러 찾아간 마을 뒷산에서 쉼을 얻고, 건강을 챙길 수 있는 것은 물론이고 위로와 기쁨도 얻을 수 있다.

숲과 자연은 사계절 좋다. 계절마다 발견할 수 있는 매력이 다르고 각각 좋은 이유가 있지만 특히 겨울 숲은 깨달음과 지혜를 준다. 추운 겨울 반짝이는 햇살이 밖에서 부를 때 숲을 찾아, 비어 있는 숲 틈으로 보이는 자연과 그곳에 깃들여 사는 생명과 눈을 맞추면, 겨울을 슬기롭게 견디는 겨울나무의 지혜를 배울 수 있다. 겨울나무는 비움과 쉬어감의 중요성을 깨닫게 한다. 겨울 숲은 언제나 시련이 아니라 새봄을 기다리는 희망으로 가득하다.

네 번째 시간

공존의 숲

**수리산에서 나무가 남긴
삶의 흔적을 만나다**

양보·배려·존중,
함께 살아가는 나무들이 만든 하늘길

아름다운 공존의 공간이 있다. 오래된 숲에 들어가서 고개를 들어 하늘을 올려다 보면 나무 사이로 하늘길이 보인다. 하늘에서 내려다본 다도해의 섬과 섬 사이에 난 바닷길처럼 나무들 사이에도 일정한 간격이 있다. 마치 나무끼리 거리 두기를 하는 것처럼 보인다.

수관은 '나무의 가지와 잎이 달려 있는 부분으로 원 몸통에서 나온 줄기'를 의미한다. 이 수관이 붙지 않고 떨어져 있으려는 현상을 '수관기피樹冠忌避'라고 한다. 영어로는 크라운 샤이니스Crown Shyness라고 하는데, 수관의 가지들이 서로 가까이 가지 못하고 서로 떨어져 있는 모습을 '수줍다'고 표현했다. 수관기피 현상은 주로 오래된 숲의 키 큰 나무들 사이에서 관찰되는데, 활엽수와 활엽수 사이에서 나타나기도 하고 활엽수와 소나무 같은 침엽수 사이에서도 종종 나타난다.

성장 시기의 나무는 빛, 토양 속의 물과 무기양분을 더 많이 흡수하기 위해 전력 질주한다. 이쪽으로 가지를 뻗었다가 저쪽으로 가지를 뻗었

다가 '아니 이쪽은 아닌 것 같아', '가지를 떨어뜨리자', '이쪽도 아닌데', '그럼 겨울눈을 틔우지 말자', '그럼 위쪽으로 뻗을까?' 수백, 수천 번도 더 고민한다. 나무는 이렇게 세심하게 가지 뻗을 방향을 결정하며 왕성하게 성장하기에 바쁘다.

어느 정도 성장한 나무는 이웃 나무와의 관계를 고려해 가지를 조심스럽게 뻗는다. 빛을 혼자만 독식하려고 다른 나무를 제치고 가지를 사방으로 쭉쭉 뻗지 않는다. 이웃하는 나무와 함께 살아가기 위해 양보와 배려의 공간을 사이에 만들고 가지의 방향을 조절한다.

사람들에게서도 이런 모습을 볼 수 있다. 한창 왕성하게 일할 때는 치열하게 경쟁하고 남보다 빨리 성공하려고 달려가지만, 어느 정도 여유가 생기거나 성숙하면 주위를 둘러보며 함께 살아가려고 노력한다. 사람도 나무도 내 욕망에만 집중해 계속 달리며 홀로 살아갈 수 없다는 걸 본능적으로 체득하고 있는 것이다. 파란 하늘에 만들어진 아름다운 곡선의 길은 양보와 배려, 존중으로 만들어진, 함께 살아가는 나무들의 아름다운 모습이다.

나무들이 만든 뚜렷한 하늘길은 숲이 깊고 오래된 서어나무숲에서 많이 볼 수 있다. 수리산의 비탈에 난 길을 걸으면 오래되고 굵은 산벚나무와 참나무가 모여 사는 곳에서도 나타난다. 그런 모습을 볼 수 있는 수리산 나무 공부는 수리산 샘터에서 시작한다. 계곡을 따라 올라가다 보면 장수옹달샘이 나오는데, 나는 장수옹달샘 옆으로 난 비탈길을 따라 제3전망대 방향으로 걷다가 최경환 성지로 하산하는 코스를 주로 걷는다. 이 코스의 길은 해발고도 300미터 정도까지만 올라갔다가 옆으로 완만하게 이어진 길이라 나무를 관찰하며 걷기에 좋다. 그리고 남부지방에서 주로 자라는 비목나무, 굴피나무, 팽나무는 물론이고 흔하게 볼 수 없는 박쥐나무, 피나무, 찰피나무 등이 함께 살아가고 있는 모습도 관찰할 수 있어 좋다.

11월 단풍이 든 비목나무의 잎과 겨울눈.

풍게나무

나비와 함께

숲에서 만나는 풍게나무는 참 반가운 나무다. 풍게나무와 함께 살아가는 다양한 나비와 나비 애벌레를 볼 수 있기 때문이다. 풍게나무를 만나면 혹시나 하고 고개를 두리번거리고 눈을 반짝이게 된다. 풍게나무와 함께 살아가는 나비는 홍점알락나비, 흑백알락나비, 왕오색나비, 수노랑나비, 뿔나비 그리고 유리창나비다.

풍게나무는 겨울에 곤충애호가들에게 환영 받는다. 풍게나무 주변의 낙엽을 뒤지면 겨울잠을 자는 다양한 나비의 애벌레를 찾아볼 수 있고, 봄이 되어 순한 잎이 나올 때쯤이면 낙엽에 붙어 있던 홍점알락나비, 흑백알락나비, 왕오색나비, 그리고 수노랑나비의 애벌레가 월동을 마치고 줄기로 기어 올라오는 것을 볼 수 있다. 겨울잠에서 깨어난 애벌레는 줄기와 가지 사이에 올라와 잠시 휴식을 취하다 따뜻한 기운이 느껴지면 어린잎으로 이동하여 잎을 갉아 먹는다. 뿔같이 생긴 더듬이가 달린 얼굴을 좌우로 왔다 갔다 하며 연한 잎을 사각사각 씹어 먹는 모습이 너무 귀여워 눈을 뗄 수가 없다. 성충으로 월동한 뿔나비도 4월쯤에 풍게나무를 찾아와 알을 낳고, 번데기로 월동한 유리창나비도 5월쯤에 찾아와 알을 낳는다.

애벌레의 풍요로운 양식이자, 나비의 산란터이며, 관찰자의 기쁨인 풍게나무를 겨울에 알아보려면 1년생 가지를 잘 살펴보고 겨울눈을 기억해 두어야 한다. 갈색의 1년생 가지는 가지가 지그재그로 뻗어 있다. 겨울눈은 길쭉한 삼각형으로 크기가 작고 가지에 착 달라붙어 있다. 연갈색의 눈비늘은 왼쪽 오른쪽의 조각이 차례차례 겹쳐져 있는

1 풍게나무의 겨울눈은 가지에 딱 달라붙어 있다.
2 겨울눈의 눈비늘이 늘어나며 싹이 나온다.
3 어린 가지는 지그재그 모양으로 뻗는다.
4 잎눈에서 수염 같은 긴 턱잎이 잎과 함께 나온다.

모양이다.

이듬해 4월에 연갈색 눈비늘이 늘어나며 녹갈색 새 가지에 잎이 달려 나오는데, 새 가지가 유난히 지그재그 모양으로 뻗는다. 이때 잎과 함께 나오는 턱잎이 특이하게 생겼는데, 연한 자주색 긴 턱잎이 마치 수염처럼 두 장 달려 있다. 그 턱잎은 시간이 지나면 떨어진다.

나비와 함께 살아가는 풍게나무의 주변에는 곤줄박이의 먹이터이자 진딧물의 산란 장소인 때죽나무가 자라고 있다.

겨울잠에서 깨어난 홍점알락나비 애벌레가 줄기에서 잠시 쉬고 있다.

때죽나무

다양한 생명을 먹여 살린다

귀가 예민한 사람은 초겨울에 때죽나무 옆을 지나갈 때 '쓰쓰삐이 쓰쓰삐이' 하는 새소리를 들은 적이 있을 것이다. 그리고 그 소리를 따라 눈길을 주다 보면 주황색 몸통에 짙은 청색과 흰색이 섞여 있는 머리가 인상적인 작은 새가 부리로 열매를 톡 따서 두 발 사이에 끼고 콕콕 쪼아서 씨앗 껍질을 깨 먹는 모습도 보았을 것이다.

준비성이 많은 이 새는 겨울에 먹을 것이 궁할 때를 대비해 소나무의 갈라진 틈이나 나무껍질의 홈 그리고 땅에 떨어진 나뭇잎 속 등 여기저기에 씨앗을 숨겨 놓는다. 이 새의 이름은 바로 우리나라 텃새인 곤줄박이다. 겨울 산행을 하는 사람이라면 주변에 숨겨 놓은 먹이를 찾아 이리저리 바쁘게 움직이는 곤줄박이를 한 번쯤 본 적이 있을 것이다. 곤줄박이는 친화력도 좋아 먹이가 부족한 겨울에 땅콩 같은 견과류를 주면 쪼르르 날아와서 부리로 콕 집어 가는 귀여운 모습도 보여 준다.

때죽나무의 씨앗을 좋아하는 곤충도 있다. 머리 모양을 확대경으로 보면 마치 소의 얼굴 같은 '소바구미'다. 소바구미는 때죽나무의 씨앗에 알을 낳고, 그 알에서 깨어난 애벌레는 때죽나무의 씨앗에 있는 양분을 먹고 성충이 된다.

그리고 때죽나무 가지에 꽃 같은 덩어리가 매달려 있는 모습이 보이기도 한다. 때죽납작진딧물혹이다. 이 혹은 5월 하순에 가지와 잎자루 사이에서 길게 자루를 달고 형성되기 시작해 6월 중순에는 작은 바나나 송이 형태가 되고, 7월 초순에 성충이 2차 기주기생 생물에게 영양을 공급

1 겨울 양식을 숨기는 곤줄박이. 2 때죽나무의 겨울눈은 맨눈으로 세로덧눈이다.
3 겨울에도 매달려 있는 때죽나무의 열매. 4 가지에 실 같은 줄이 지저분하게 달려 있다.
5 때죽납작진딧물혹.

하는 생물인 화본과 식물에게 갔다가 가을에 때죽나무로 돌아온다고 한다. 《식물혹보고서》에는 "가을에 때죽나무로 돌아온다"라고만 기술되어 있다. 이 대목에서 생기는 궁금증 한 가지. 돌아와서 무엇을 했을까? 아마도 때죽나무가 늦봄부터 가지와 잎자루 사이에 만든 겨울눈에 알을 낳은 것이 아닐까 짐작해 본다. 때죽납작진딧물혹이 생겨난 곳이 겨울눈의 자리라는 것이 추론의 근거다.

새와 곤충을 먹여 살리고 새들의 산란처가 되어 주는 때죽나무의 쌀알 같은 모양의 겨울눈은 누런 털로 덮여 있는 맨눈으로 1년생 가지에 딱 달라붙어 있다. 그리고 세로덧눈은 쌀알의 허리에 또 하나의 쌀알이 업혀 있는 모양이다. 잎 떨어진 흔적은 반원형이고, 관다발 자국은 한 개의 선이다. 이듬해 3월 말이 되면 겨울눈에서 싹이 나오는데, 누런 털을 뒤집어쓰고 있던 작은 잎이 일어나듯이 펼쳐진다. 잎과 함께 가지도 나오는데, 하얗게 피는 꽃은 새로 나오는 가지 끝에서 핀다.

때죽나무의 흑회색 줄기는 매끈하고, 가는 가지에서는 지저분한 실 같은 줄이 보인다. 중부지방에서 자라는 때죽나무는 키가 그리 크지 않고 줄기도 굵은 것을 보기 힘들지만 남부 지방이나 제주도에서는 때죽나무가 10미터 이상으로 자라고 줄기도 아주 굵은 것을 보고 깜짝 놀랐던 적이 있다. 때죽나무는 제주도나 남부지방에서 더 잘 자라고 중부지방에서는 한참 적응하고 있는 것으로 보인다.

새와 곤충에게 자기의 소중한 것을 내어 주는 때죽나무의 줄기에는 상처를 보듬어 싸맨 흔적이 많이 보인다.

옹두리와 옹두라지

―― 스스로를 치료하는 나무 ――

나무의 줄기에는 나무 스스로 자기 몸을 치료한 흔적이 있다. 나무는 생장하면서 늘 새로운 가지를 만드는데, 새 가지들이 생기면 아래쪽에 있던 가지는 햇빛을 충분히 받지 못해 성장에 필요한 영양분을 잘 만들지 못한다. 그러면 나무는 생산성이 떨어지는 아래쪽 가지의 필요성을 심각하게 고민하게 되고, 가지를 유지하는 일이 에너지 낭비라고 판단되면 과감하게 영양 공급을 끊어 도태시킨다. 결국 아래쪽 가지는 성장을 멈추고 죽은 가지가 되어 떨어진다. 이런 현상을 자연낙지落枝라고 하며, 일반적으로 빛을 좋아하는 양수에서 많이 발생한다. 자연낙지로 가지가 떨어지기도 하지만 바람이나 가지 위에 쌓인 눈 등 외부적인 압력 때문에 가지가 떨어지기도 한다. 나무에서 가지가 떨어져 나간다는 것은 상처를 남긴다는 것을 의미한다. 그때 나무

1 나뭇가지가 썩어 없어지며 생긴 옹이 구멍. 2 때죽나무에 생긴 옹두라지.
3 옹두리가 작게 형성된 나무. 4 가지를 길게 남기고 떨어진 자리에 생긴 긴 옹두리.
5 때죽나무에는 유난히 옹두리와 옹두라지가 많다.

는 스스로 상처를 치료하기 위하여 새살을 만드는데, 그렇게 치료된 모양을 옹두리라고 한다.

옹두리의 의미는 "나뭇가지가 부러지거나 상한 자리에 결이 맺혀 불퉁해진 것"이다. 옹두리는 여러 가지 모양이 있다. 하나는 작게 형성되는 경우이고, 다른 하나는 길게 형성되는 경우다. 작게 형성되는 경우는 나무의 줄기와 가지의 경계 부분에서 가지가 정확하게 떨어진 경우로, 상처를 치료한 흔적이 마치 사람의 무릎처럼 둥그렇고 매끈한 모양이다. 가지를 길게 남기고 떨어진 경우, 남은 가지의 길이가 너무 길지 않으면 긴 옹두리를 만들고, 그 상처를 미처 덮지 못할 정도로 길게 남은 가지라면 나뭇가지가 썩어 없어지면서 속이 빈 옹이 구멍을 만든다. 이렇게 나무가 스스로 상처를 치료한 경우는 가지치기를 잘못한 가로수에서도 흔히 볼 수 있다.

한편 옹두리와 비슷한 말로 옹두라지가 있다. 옹두라지의 사전적 정의는 "나무에 난 작은 옹두리"를 의미한다. 이것이 생기는 원인은 가지의 끝부분이 제대로 역할을 하지 못했을 때나 부러졌을 때 흔히 나타난다. 봄이면 잎과 가지를 자라게 하기 위해 뿌리에서 물과 양분을 올려보내는데, 그것을 받을 가지가 없어지면 나무는 줄기에서 임시로 부정아를 만들어 한해살이를 준비한다. 이때 부정아에서 나온 싹은 다음 해까지 자라지 못하고 그해에 죽는다. 이렇게 싹이 났다 죽기를 반복하면 그 부분에 작은 옹두라지들이 만들어진다.

옹두라지는 등산로 주변에서 자라는 때죽나무에서 흔히 볼 수 있다. 옹두라지를 보면 갑작스러운 상황에서 어떻게든 문제를 해결하고 잘 살아 보려는 나무의 안간힘이 느껴진다. 겨울 숲에서는 다른 계절에는 나뭇잎에 가려 보이지 않던, 나무들이 몸에 새긴 삶의 흔적들이 더 적나라하게 보인다. 그들이 얼마나 치열한 삶을 살고 있는지를 느끼면서 나의 삶도 돌아보게 된다.

피소 현상

줄기의 밑동이 파인 나무

한국숲해설가협회의 겨울 강좌인 '겨울 숲 바라보기' 수업을 하면서 하남에 있는 검단산의 능선을 걸은 적이 있다. 그때 산비탈에 자라고 있는 여러 그루의 나무에서 이상한 점을 발견했다. 굵은 나무줄기가 땅과 연결된 곳으로부터 40~50센티미터 정도 세로로 파여 있어 검게 보였다. 야생동물이나 사람이 일부러 파낸 흔적은 아닌 것 같았다. 그냥 지나치려다가 혹시 수목생리학 책에서 보았던 피소皮燒, sunscald의 흔적이 아닐까 하는 생각이 들어 자세히 관찰해 보았다.

피소의 정의는 이렇다. "피소란 여름에 태양의 직사광선에 노출된 토양 표면의 온도가 50~60도까지 올라가면 표토 근처에 있는 남쪽 수간의 수피에 급격한 수분 증발이 생기면서 말라 죽는 현상으로 형성층과 내수피의 사부조직이 괴사하는 것이다." 그중 동계피소冬季皮燒, winter sunscald는 한겨울에 수간의 남쪽 부위가 햇빛을 받아 가열되면, 그늘진 쪽의 나무줄기보다 온도가 20도 이상 올라가서 일시적으로 수간세포 조직의 해빙 현상이 나타나는데, 일몰 후에 급격히 온도가 떨어지면서 다시 조직이 얼어 형성층 조직이 피해를 입는 현상이다. 그런데 검단산의 나무는 피해를 받은 방향이 북동쪽 방향이다.

다른 원인이 있겠지 생각하고 그날은 더 깊게 생각하지 않았다. 그 후로 눈 내린 뒷날 다시 그곳을 지나치다가 비탈에 쌓인 눈을 보고 번뜩 한 가지 생각이 머리를 스쳤다. 혹시 눈이 원인일까? 그곳은 남서 사면의 비탈길이다. 남서 방향에서 오랫동안 강하게 내리쬐는 햇빛이 비탈에 쌓인 눈에 반사되면서 북동쪽 방향의 나무줄기 밑동에 비쳐

주변의 여러 나무와 함께 신갈나무의 밑동이 패어 있다.

피소 현상이 생겼다면 방향이 정반대인 이유가 설명되지 않을까? 그날 나의 추론이 비록 정답은 아닐 수 있지만, 나무에 생긴 여러 가지 흔적에 관심을 가지고 그것에 관해 계속 생각하고 궁금증을 해결하려고 노력하다 보면 나무가 나에게 그들의 삶에 대해 조금은 이야기해 주지 않을까 하는 기대가 생긴다.

동그란 모양의 옹두리가 나무 스스로 상처를 치료한 흔적이듯 피소 현상이 나타난 나무에서도 스스로를 치료한 모습이 보인다. 토양 표면 쪽 줄기 밑동이 괴사한 조직의 가장자리를 둥글게 봉합하여 치료한 흔적이다. 야생의 사자가 상처 부위를 혀로 핥으며 치료하는 것을 다큐멘터리에서 본 적이 있는데, 나무도 몸에 난 상처를 스스로 낸 새살로 덮으며 치료한다. 그렇게 나무가 애써 치료한 나무의 터진 구멍 안은 추운 겨울을 지내는 야생동물들의 안식처가 되기도 한다.

참개암나무

누운 털이 빽빽이 난 가지와 겨울눈

참개암나무는 '진짜 개암나무'라는 뜻이다. 개암나무의 열매인 개암은 생김새나 맛이 밤과 매우 닮았으나 밤보다 조금 못하다는 뜻으로 '개밤'이라 하다가 '개암'이 되었다. 참개암나무의 열매는 고소한 맛은 개암과 비슷하지만 열매를 감싸는 포의 모양이 길쭉한 관 모양이고, 표면에 딱딱한 가시 같은 털이 있다. 익은 열매를 만나도 가시 같은 털에 찔릴까 봐 선뜻 먹기가 꺼려진다.

참개암나무는 햇빛이 잘 드는 곳에서 떨기나무 형태로 자란다. 수피는 흑회색, 1년생 가지의 색은 회갈색으로 누운 털이 있는 것이 특징이다. 겨울에 잎이나 열매가 없을 경우, 개암나무와 가장 쉽게 구별할 수 있는 방법은 1년생 가지에 털이 있는지 보는 것이다. 참개암나무는 회색의 누운 털이 있는 반면, 개암나무의 털은 가시 같은 억센 털에 동그란 선점이 있다.

참개암나무의 곁눈은 어긋나기로 달려 있어 가지도 어긋나게 뻗는다. 겨울에 두세 개의 원통 모양으로 나와 있는 수꽃차례는 이듬해 3월경에 길게 늘어지며 꽃가루를 날린다. 길게 늘어진 수꽃차례가 주렁주렁 매달려 있는 모양은 박물관에서 보았던 신라 시대 황금 허리띠의 늘어진 장식을 떠올리게 한다. 꽃샘바람에 흔들릴 때는 찰랑거리는 소리가 날 것 같다.

물방울 모양의 겨울눈은 털이 있는 회갈색 눈비늘에 싸여 있다. 개암나무의 잎눈과 암꽃눈은 겨울에는 같은 모양이어서 구분이 잘 안 된다. 하지만 겨울눈에서 싹이 나는 이듬해 3월경에 암꽃눈에서는 빨간

1 수꽃차례. 2 가지의 누운 털과 겨울눈.
3 이른 봄에 나온 암꽃대와 늘어진 수꽃차례. 가지 끝의 눈은 잎눈이다.
4 일찍 나온 암술대가 시들 때쯤 줄기와 잎이 따라 나온다. 5 4월경 잎눈에서 나온 가지와 잎.

색 실 같은 암술대가 나오고, 암술대가 시들 즈음 털이 수북하게 달린 초록색 가지에 턱잎이 달린 잎이 따라 나온다. 잎눈에서는 암술대가 시드는 4월경에 털이 달린 초록색 가지와 잎이 나온다.

참개암나무의 겨울눈이 전개되는 과정을 보고 있으면 나무가 번식과 성장에 집중하는 모습에 놀라게 된다. 아직 추위가 사라지기 전, 봄기운이 돌기 시작하자마자 가장 먼저 암술대가 나오고, 봄바람이 사방으로 불어 꽃가루를 이리저리 날려 줄 때면 겨울에 드러나 있던 수꽃차례가 늘어지며 꽃가루를 날린다. 그 꽃가루가 암술에 닿아 수분이 되면 그제야 비로소 영양분을 만들기 위해 잎을 틔운다. 수꽃이 꽃가루를 날려 암술에게 가는 동안 방해물이 될 수 있는 잎들은 번식 과정이 끝난 이후에 나오고 자라서 번식을 돕고 성장을 이룬다. 이런 번식과 성장을 위한 나무의 집중력이 나무가 오랫동안 대를 이어 번성할 수 있었던 가장 큰 원동력이 아닐까.

박쥐나무

박쥐 날개 같은 잎

수리산에서는 박쥐나무를 몇 그루 만날 수 있다. 박쥐나무는 떨기나무로 어긋나게 달리는 잎의 두께가 얇고 잎맥이 돌출되어 마치 박쥐 날개 모양 같다고 해서 이런 이름이 붙었다. 박쥐나무의 가지 끝에 달려 있는 겨울눈은 밑면이 납작한 물방울 모양의 '키세스' 초콜릿과 비슷한 모양이지만 박쥐나무의 겨울눈은 그 초콜릿보다 조금 덜 동그랗고, 회갈색의 긴 털로 싸여 있다. 간혹 끝눈 옆에 덧눈 같은 작은 눈이 붙어 있기도 하다.

잎 떨어진 흔적은 겨울눈을 한 바퀴 감싸고 있는데, 동그랗게 만든 말편자와 비슷하다. 그 안에 많은 관다발 자국이 있다. 나무 대부분이 잎 떨어진 흔적 위에 겨울눈이 있지만, 박쥐나무는 잎 떨어진 흔적 중

1 잎자루 속에 겨울눈이 숨어 있다.   2 '키세스' 초콜릿 같은 겨울눈 모양
3 잎 떨어진 흔적 중앙에 겨울눈이 있다.   4 4월경 겨울눈에서 어린잎이 전개된다.
5 박쥐 날개 같은 잎을 펼쳤다.

앙에 겨울눈이 있다는 점이 독특하다. 가을에 잎이 떨어지기 전까지 잎자루 안에 겨울눈이 숨어 있는 이런 형태의 겨울눈은 잎이 떨어진 후에야 눈의 모양이 나타난다. 가지의 측면에 있는 잎 떨어진 흔적 위에 동그랗게 파인 모양은 잎겨드랑이에 달려 있던 열매자루가 떨어진 흔적이다. 이듬해 4월경에 누런색 긴 털로 덮여 있던 눈비늘이 벌어지며 박쥐 날개 같은 어린잎과 꽃대가 함께 나온다.

신나무

나무를 위한 배려

수리산 샘터에서 시작되는 등산로 한복판에 아직 날개가 달린 씨앗을 달고 있는 굵은 신나무가 길을 막고 있다. 신나무의 굽은 줄기 아랫부분에 생긴 울퉁불퉁한 혹이 한눈에 보기에도 참 어렵게 살아가고 있다는 것을 보여 준다. 안타까운 마음에 자세히 살펴보니 주변 나무와 햇빛 경쟁을 하는 것 같지는 않았다. 빛의 문제가 아니라면 답압踏壓 때문에 생기는 뿌리의 문제가 아닐까 추측해 본다. 뿌리는 지속적으로 밟히면 뿌리 끝이 죽게 되고, 뿌리 끝이 죽으면 가지 끝도 죽게 되어 줄기에도 영향을 미친다.

답압은 많은 사람이 걸으며 땅에 가하는 압력이다. 답압은 땅속의 흙과 흙 사이의 공간을 줄인다. 땅속에는 일정한 공간이 있어야 한다. 그래야 그 속에 적당한 물과 공기를 품을 수 있는 곳이 생긴다. 그 공간이 있어야 땅속에서 살아가는 토양미생물이나 땅속 생물들이 활동하며 영양분 많고 건강한 흙을 만들 수 있다. 그런 곳에 뿌리를 내린 나무는 건강하게 잘 자랄 수 있다.

신나무에 다리가 있어 건강하게 잘 자랄 수 있는 장소로 스스로 이동할 수는 없고, 이 길을 걷는 우리가 좀 더 신경을 써서 뿌리를 조금이라도 보호하기 위해 빙 돌아서 가야 하지 않을까. 등산할 때 뿌리가 노출된 나무 주변을 걸을 때는 되도록 나무의 뿌리를 밟지 않고, 스틱을 사용하거나 겨울에 눈길 미끄럼 방지를 위해 아이젠을 신을 경우 나무의 뿌리를 밟지 않도록 조심해야 한다. 나무와 함께 살아가는 우리가 할 수 있는 나무를 위한 작은 배려다.

등산로 한복판에 서 있는 신나무.

까치박달

유난히 뾰족한 겨울눈

까치박달은 계곡 주변에서 많이 보인다. 까치박달은 겨울에도 '나 여기 있소'라고 말하듯 뚜렷한 잎맥을 드러내며 세로로 또르르 말린 잎이 달려 있다. 흑회색 줄기에서 볼 수 있는 다이아몬드 모양의 수피도 독특하다. 겨울눈의 모양도 연갈색 눈비늘이 포개진 모양으로, 길쭉하고 뾰족하게 달려 있다. 곁눈은 어긋나기 배열이다.

이듬해 3월 말경 수꽃눈이 먼저 벌어져서 수꽃차례가 나무에 주렁주렁 달린다. 잎눈에서는 4월 중순쯤에 눈비늘이 벌어지며 분홍색 가지와 분홍색 긴 턱잎이 달린 잎이 나온다. 잎은 측맥에 따라 부채가 접히듯 착착 접혀 있다가 넓게 펴지고, 암꽃차례는 새 가지 끝에 달린다.

자작나뭇과科에는 서어나무속, 자작나무속, 오리나무속, 개암나무속, 새우나무속의 나무가 있다. 이 중 서어나무속을 제외한 나머지 속의 나무들은 겨울에 수꽃차례가 보이는데, 서어나무속의 서어나무, 개서어나무, 소사나무, 까치박달의 수꽃차례는 겨울에 보이지 않고 잎눈과 같은 모양으로 겨울을 난다. 하지만 수꽃눈과 잎눈은 따로 달려 있다가 이른 봄에 수꽃눈이 먼저 통통하게 부풀어 올라 벌어지면 원통형으로 늘어지는 수꽃차례가 나와 꽃가루를 날린다.

1 유난히 뾰족한 겨울눈. 2 4월경 잎눈에서 싹이 나온다.
3 잎눈에서 분홍색 가지와 턱잎이 나온다.
4 뚜렷한 잎맥을 드러내며 말려 있는 까치박달의 잎.
5 가지 끝의 암꽃차례와 늘어진 수꽃차례.

고로쇠나무

줄기를 비틀며 자란 나무

오래된 고로쇠나무가 굵은 줄기를 비틀면서 자라고 있다. 저 고로쇠나무는 왜 저렇게 줄기를 비틀면서 자랐을까? 나무가 줄기를 비틀면서 자라는 것을 '나선 목리현상'이라고 한다. 나무에 목리현상이 나타나는 이유가 몇 가지 있다. 목리현상은 보통 침엽수 고유의 특성인데, 활엽수에서는 주로 나이가 많은 나무에서 나타난다. 목리현상이 나타나면 가지 곳곳으로 균등하게 양분과 수분을 공급할 수 있다는 장점이 있다. 만약 줄기가 수직으로 연결되어 있다면 어느 한쪽의 가지나 뿌리가 죽으면 동일한 방향에서 뻗은 뿌리와 가지도 모두 죽어 한쪽 면만 살아남게 된다. 하지만 뿌리와 가지가 나선상으로 비틀려서 연결되어 있으면 한쪽 가지나 뿌리만 죽는 일은 없다.

나무 스스로 목리현상을 나타내기도 하지만 바람 때문에 비틀림이 나타나기도 한다. 나무가 같은 방향에서 항상 바람을 받게 되면 그 바람에 대응하여 줄기나 가지를 비틀어 안정적으로 버틸 수 있게 한다. 이런 경우는 어느 일정한 방향에 대해서는 강하지만, 반대 방향에서 강한 바람이 불게 되면 간단히 부러져 버린다는 단점이 있다.

나무가 쓰러졌을 때 힘을 받고 일어나려고 몸통을 트는 경우에도 목리현상이 나타난다. 사람이 누워 있다가 일어날 때 몸을 틀고 일어나면 훨씬 안정적으로 강한 힘을 받을 수 있는 것과 같다.

때죽나무위와 고로쇠나무아래 줄기의 목리현상.

잣나무

겨울에도 푸르른 나무

완만한 경사의 등산로를 따라 올라가면 맨발 지압장이 나오는데, 이곳부터 잣나무가 빼곡하다. 인공조림한 잣나무숲이다. 이곳에 들어서면 수직으로 시원하게 뻗은 잣나무의 줄기에서 안정감을 느끼고, 겨울에도 푸른 잣나무 잎의 싱그러움과 피톤치드 향기에 취해 마음이 평안해진다. 잠시 발길을 멈추니 큰부리까마귀가 우렁찬 울음을 토해 내고, 작은 새들은 고음으로 자신의 존재를 알린다.

새들은 잣나무 잎에 살고 있는 진딧물이나 벌레를 잡아먹느라 쉴 새 없이 움직이고, 잣나무 가지를 타고 다니는 청서는 자기 영역에 들어온 사람들이 궁금한지 한참을 쳐다본다. 야생동물들이 살고 있는 숲에서 커다란 잣송이를 하나 주워 향긋하고 고소한 잣을 몇 개 까먹고는 동물들이 먹으라고 딱딱한 껍질을 부수어 주는 사람들이 있다. 이렇게 껍질을 부수어 주는 일이 동물들에게 도움이 될지는 알 수 없지만, 이런 행동은 자연의 생명과 함께 살아가려는 마음에서 우러나오는 진심의 표현이다. 이 소중한 모습은 겨울에 빛을 발하는 잣나무의 푸른 잎과 어우러져 아름다워 보인다.

잣나무는 우리나라가 원산지이며 한대寒帶 수종이다. 어릴 때는 더디게 자라지만 자라면서 생장 속도가 빨라진다. 잣나무는 열매는 식용·약용으로 모두 쓰이며, 목재는 건축재나 가구재 등으로도 쓰이는 우리나라의 주요 경제수종이다. 잎이 다섯 개라 오엽송五葉松, 줄기가 붉어 홍송紅松으로도 부른다.

1 나무껍질 사이에 숨겨 둫은 잣.
2 잣을 좋아하는 청서.   3 잣나무가 품은 생명에 기대어 사는 어치.

장수옹달샘

다양한 나무의 삶터

장수옹달샘 안내판이 있어 시원한 약수를 기대하고 가 보지만 '식음 금지' 표시가 붙어 있다. 약수는 마실 수 없어도 나무 탁자와 의자가 있어 이곳에서 잠시 쉴 겸 앉아 따뜻한 물과 간식을 먹는다. 산행을 하다 쉬는 시간은 몸이 회복되는 순간이기도 하지만, 주변의 풍경을 여유 있게 바라볼 수 있는 시간이기도 하다.

옹달샘 주변은 다양한 나무가 자라고 있다. 지금의 옹달샘은 사람들이 인위적으로 만들어 놓았지만 이 나무들이 어렸을 때는 자연스럽게 물이 고이고 흐르는 곳이 아니었을까? 그렇다면 옹달샘 주변으로 새와 동물이 물을 마시러, 또는 목욕을 하러 오가며 나무의 씨를 주변으로 옮겨 주었을 것이다.

옹달샘 주변은 나무에게도 수분과 양분이 풍부한 장소라 괴불나무, 때죽나무, 밤나무, 갈참나무, 헛개나무, 올괴불나무, 개살구나무, 산딸나무 등 다양한 나무가 살고 있다. 봄이 오면 핑크 요정 같은 꽃이 피는 올괴불나무를 비롯하여 개살구나무, 산벚나무가 꽃을 피우고, 산딸나무의 예쁜 하얀색 포도 볼 수 있을 것이다. 나무들이 꽃을 피우는 시기가 되면 의자에 편안히 앉아 꽃구경을 하기 좋은 곳이다.

수평으로 휜 비목나무의 줄기에는 새 둥지가 보인다. 위치와 모양을 보니 동글동글한 구슬이 굴러 갈 때 날 법한 아름다운 소리를 내는 여름 철새인 되지빠귀가 만든 둥지 같다. 마른 풀대와 낙엽, 흙과 마른 솔잎으로 둥지를 만들어 알을 낳고, 포란抱卵, 부화하기 위하여 암새가 알을 품어 따뜻하게 하는 일하여 새끼가 태어나면 주변에서 지렁이를 한입 물어다 새끼에게 먹여 키우는 되지빠귀. 저곳에서 안전하게 새끼가 자라 이소離巢, 새의 새끼가 자라 둥지에서 떠나는 일했다면 다음 해도 이 주변으로 다시 찾아올 것이다.

개살구나무

봄에 켜지는 꽃송이 불빛

3월 말에 다시 찾은 옹달샘 주변의 아름드리 개살구나무에는 하얀 눈송이가 쌓인 것처럼 꽃이 피어 있었다. 그 흐드러지게 핀 꽃을 보고 있자니 그림책 속에서 보았던 꽃송이 불빛 아래 숲속 동물들이 몰려와서 축제를 즐기는 모습이 생각났다. 혹시 이곳이 그런 장소가 아니었을까!

개살구나무 수피는 울퉁불퉁하고 골이 져 있다. 그 굴곡진 수피의 모양에서 내소사 대웅보전의 꽃살문에 새겨진 소박하고 아름다운 꽃창살이 연상된다. 개살구나무같이 줄기의 껍질이 두껍고 울퉁불퉁한 나무로는 굴참나무와 황벽나무가 있는데, 굴참나무의 수피는 손으로 만져 보면 딱딱하고 거친 느낌이고, 황벽나무의 껍질은 푹신푹신하고 따뜻한 느낌이다.

개살구나무의 1년생 가지는 굵은 줄기에 비해 가늘고 매끈하며 붉은 갈색으로 생기가 있다. 겨울눈은 반구형으로 작고, 곁눈은 가로덧눈이다. 개살구나무 옆에는 이른 봄 숲에서 가장 먼저 꽃을 피우는 올괴불나무가 떨기나무 형태로 자라고 있다.

1 개살구나무의 겨울눈. 2 잎눈에서 싹이 나고 있다.
3 꽃이 먼저 피고 잎이 나온다. 4 개살구나무의 수피.
5 3월 말, 개살구나무꽃이 활짝 피었다.

올괴불나무

제일 먼저 꽃을 피우겠다는 야심만만한 계획

올괴불나무의 겨울눈을 보면, 놀이터에서 시끄럽게 떠들며 놀고 있는 친구들에게 가고 싶어 초록색 점퍼까지 챙겨 입고, 어른의 허락이 떨어지기만 기다리는 아이의 기운이 느껴진다. '나가서 놀다 와'라는 말이 떨어지기가 무섭게 신나서 튕겨 나가는 아이의 모습처럼, 올괴불나무의 겨울눈도 남아 있는 찬 기온에 작은 봄기운이라도 더해지면 겨울눈을 싸고 있던 초록 눈비늘이 잽싸게 벌어진다.

눈비늘이 벌어지고 분홍색 꽃봉오리 두 개가 나와서 펼쳐지면 바람의 리듬에 따라 진분홍색 토슈즈를 신고 연분홍색 발레복을 입은 발레리나의 공연이 시작된다. 공연의 관객으로 찾아온 곤충들의 열광적인 박수와 접촉이 끝나면, 꽃이 나올 때 따라 나왔던 잎이 넓게 펼쳐진다. 이 잎은 꽃을 위한 잎이 아니고, 초록색 아기 열매를 키우기 위한 양분을 만드는 잎인 것 같다. 그래서 올괴불나무의 꽃눈은 꽃과 잎이 함께 전개되는 혼합눈이라고 해야 할 것 같다. 꽃이 지고 난 후에 잎눈에서는 털로 덮여 있어 만지면 부드러운 작고 동그란 잎이 나온다.

올괴불나무의 회갈색 줄기는 땅에서 여러 개가 나와 2미터 정도까지 자라고, 나무껍질이 종잇장처럼 벗겨진다. 1년생 가지에는 털이 있다. 겨울눈은 작은 물방울 모양으로 끝이 뾰족한 것과 둔한 것이 섞여 있는데, 끝이 뾰족한 것은 잎만 나오는 잎눈이고, 끝이 둔하게 동그란 것은 꽃과 잎이 함께 나오는 혼합눈이다. 올괴불나무 겨울눈의 특이한 점은 겨울눈을 싸고 있는 눈비늘이 연한 초록색이 돈다는 것이다. 겨울눈의 색깔을 기억해 놓으면 올괴불나무를 알아보는 데 도움이

1 올괴불나무의 초록색 겨울눈. 2 올괴불나무의 잎눈.
3 진분홍색 토슈즈를 신은 발레리나 같은 꽃. 4 종잇장처럼 벗겨지는 나무껍질.
5 초록색 아기 열매와 솜털이 잔뜩 나 있는 잎.

될 것이다.

숲에서 봄기운이 돌면 가장 먼저 꽃눈을 터뜨리는 나무는 누구일까? 겨울에 동그란 꽃눈을 달고 있고, 노란 솜뭉치 같은 꽃이 피는 생강나무일까? 핑크 요정 같은 꽃이 피는 올괴불나무일까?

숲에서 노랗고 동그란 꽃이 피면 눈에 쉽게 띄어서 생강나무꽃이 먼저 피는 것 같지만, 올괴불나무의 꽃이 더 먼저 필 것 같다. 왜냐하면 이름에 '빠르다', '먼저'라는 의미의 '올'이 괜히 붙지는 않았을 것이기 때문이다. 또 광합성을 하여 양분을 만들 수 있는 올괴불나무의 초록색 눈비늘에도 뭔가 야심만만한 계획이 있을 것만 같지 않은가? 봄 숲에서 생강나무와 올괴불나무의 꽃 중 어느 것이 먼저 피는지 관심을 가지고 지켜보는 것도 재미있을 것 같다.

굴참나무

껍질에 깊은 골이 패어 있는 나무

참나무의 잎겨드랑이에 겨울눈 외에 작은 아기 도토리를 달고 있는 나무가 있다. 참나무는 도토리가 열리는 나무를 총칭하여 부르는 말로 중부지방에서 자라는 참나무의 종류는 떡갈나무, 신갈나무, 갈참나무, 졸참나무, 상수리나무, 굴참나무, 이렇게 총 여섯 종이다. 이 중 네 종류의 나무는 5월쯤 아기 도토리를 만들어 9월쯤이면 도토리가 익기 시작한다. 그러나 상수리나무와 굴참나무의 도토리는 가을에 아기 도토리가 생기고, 그 이듬해에 도토리가 자라서 익는다. 상수리나무와 굴참나무가 평범함을 거부하고 왜 그런 번식 방법을 선택했는지 궁금하다.

굴참나무는 해발 고도가 높지 않은 산에서 만날 수 있는 나무로, 나이를 먹으면서 줄기에 두꺼운 코르크 껍질이 발달하며, 세로로 불규칙하게 깊은 골이 패어 '골 또는 굴이 지는 참나무'라는 뜻에서 이름이 굴참나무가 되었다. 매끈한 회갈색 1년생 가지는 껍질눈이 있고, 겨울눈은 어긋나기 방식으로 배열되어 있으며, 끝눈이 있다. 긴 달걀 모양으로 기왓장처럼 포개져 있는 눈비늘에는 털이 있다. 잎 떨어진 흔적은 반원 모양이고 관다발 자국은 여러 개로 불규칙하다.

이듬해 4월경 눈비늘이 벌어지며 맥을 따라 가는 주름이 잡힌 붉은빛이 도는 갈색의 잎과 가지가 나온다. 가지의 아래쪽에는 수꽃차례가 달리고 암꽃은 새 가지 끝부분의 잎겨드랑이에 달린다. 붉은빛이 도는 갈색 가지와 잎의 색은 시간이 지나면서 초록색으로 변한다.

참나무에는 참 많은 생명이 깃들여 산다. 열매인 도토리는 도토리거

1 1년생 도토리와 겨울눈. 2 겨울에도 달려 있는 굴참나무잎.
3 겨울눈에서 전개되는 싹은 자줏빛을 띤다. 4 겨울눈에서 가지와 잎이 나오고 있다.
5 굴참나무 도토리와 각두. 6 골이 깊게 진 굴참나무의 수피.

위벌레와 바구미의 산란 장소이자 먹이가 되기도 하고, 청서와 다람쥐, 오소리와 너구리는 물론이고 어치의 먹이가 되어 주기도 한다. 열매뿐인가? 참나무잎은 대벌레나 나방의 애벌레들이 갉아 먹고, 진딧물이나 응애류는 참나무의 나뭇진을 빨아먹는다. 하늘소는 줄기에 구멍을 뚫고 집을 만들고, 줄기에 상처가 나면 흘러나오는 나뭇진 속의 당분은 장수말벌, 파리, 나비의 먹이가 되어 준다.

참나무 수액이 있는 곳에는 밤낮으로 곤충들이 몰려든다. 낮에는 주로 나비·하늘소·장수말벌 등이 모여들고, 밤에는 상황이 바뀌어 장수풍뎅이나 사슴벌레가 수액이 있는 곳을 거의 독차지해 버리며, 그 주변으로 나방과 기타 여러 곤충도 찾아온다. 더불어 밤에 날아오는 나방 등을 잡아먹기 위해 개구리와 딱정벌레, 왕지네 등도 이곳에 몰려든다. 곤충 전문가가 참나무 수액을 먹기 위해 참나무를 찾는 곤충들을 찍은 사진과 조사한 자료를 보니 20여 종에 달했다.

그러나 이런 동물들이 참나무에 의지하여 도토리와 잎, 수액을 먹기만 하는 것이 아니다. 이들이 땅에 숨겨 둔 도토리를 찾지 못해 그 도토리에서 새로운 싹이 나와 참나무로 자라기도 하고, 애벌레들은 나뭇잎을 갉아 먹고 똥을 싸서 참나무가 잘 자랄 수 있도록 흙 속에 영양분을 만든다. 그리고 동물들은 도토리를 먹어서 너무 많은 참나무가 자라는 것을 조절하는 역할도 한다. 도움을 주고 받으며 참나무와 숲속 생명들은 함께 살아간다.

물박달나무

나이에 따라 수피가 변하는 나무

어린 물박달나무는 키가 작아서 나무를 관찰하기에 좋다. 먼저 겨울눈을 관찰하니 갸름한 달걀 모양으로, 갈색 눈비늘에 싸여 있고 약간의 털이 있다. 수꽃이삭은 긴 원통 모양으로 매달려 있다. 1년생 가지에는 짧은 갈색 털이 있고, 껍질눈도 발달되어 있다. 몇 년 자란 듯 굵어진 줄기의 껍질은 회갈색으로, 종잇장처럼 넓적하게 벗겨져 너덜거린다. 이 껍질의 겉면은 반질거리는 회색이고 속은 갈색이다.

주변에 어미나무가 있나 찾아보니 굵고 키가 큰 나무가 있다. 그 어미나무의 수피는 어린나무와 또 다르다. 조각조각 불규칙하게 뜯어져 겹쳐 있는 모양으로 지저분해 보인다. 그런 굵은 물박달나무의 조각조각 뜯어지는 껍질을 좋아하는 녀석이 있다.

그 녀석은 나무 줄기 위아래로 오르락내리락 자유자재로 움직이는 동고비다. 참새만 한 크기의 동고비는 잿빛이 도는 청색 깃털과 검은 부리부터 눈을 가로질러 머리까지 그려진 검은 선이 강렬한 인상을 주는 새다. 어느 해 동고비가 사용했던 인공둥지를 청소해 준 적이 있는데, 인공둥지 바닥에 물박달나무 껍질이 수북이 쌓여 있었다. 그 인공둥지에서 동고비가 아홉 마리의 새끼를 잘 키워서 숲으로 떠났다고 한다.

겨울인데도 주변에서 휫휫휫휫 동고비의 금속성 소리가 들린다. 이 녀석이 먹이 활동을 하며 내년 봄에 지을 둥지 재료로 물박달나무의 껍질에 눈도장을 찍어 놓았을 것이다. 물론 동고비가 꼭 물박달나무의 껍질만 고집하는 것은 아니며, 다른 나무의 껍질도 사용한다.

1 1년생 가지와 겨울눈. 2 겨울눈에서 싹이 나고 있다.
3 물박달나무의 껍질을 둥지 재료로 사용하는 동고비.
4 어린나무 줄기의 수피. 5 오래된 나무의 수피.

갈참나무

겨울에도 달고 있는 회갈색 잎

겨울인데도 낙엽이 떨어지고 않고 회갈색 잎을 달고 있는 참나무가 있어 가까이 가서 살펴보았다. 잎자루가 길고, 잎이 크며, 가장자리에 물결 모양의 큰 톱니가 있고, 잎 뒷면이 짧은 회색 털로 덮여 있다. 갈참나무다. 갈참나무는 바람이 세지 않고 유기물 층이 많이 쌓인 비옥한 곳을 좋아하는 나무다.

늘 하던 대로 1년생 가지를 관찰했다. 반질거리는 회갈색 가지에는 하얀 점 같은 껍질눈이 있다. 관다발 자국이 많은 반원 모양의 잎 떨어진 흔적은 가지의 튀어 나온 턱 위에 있다. 턱이 솟아 있는 가지의 모양이 근육이 발달한 듯 건강해 보인다. 겨울눈의 갈색 눈비늘은 기왓장이 포개져 있듯 가지런히 배열되어 있고 약간 각이 져 있다.

이듬해 4월경에 겨울눈에서 수꽃차례와 함께 초록색과 붉은색을 동시에 가지고 있는 새 가지와 잎이 나온다. 암꽃은 새가지 끝의 잎겨드랑이에 생긴다. 새로 나오는 갈참나무의 가지와 잎의 색이 붉은색을 띠는 것은 초록색을 나타내는 엽록소 이외에 카로티노이드계의 색소가 섞여 있기 때문이다.

카로티노이드계 색소는 잎을 비롯하여 뿌리와 줄기 등 다양한 곳에서 엽록소가 놓친 청색광과 보라색광을 흡수하여 광흡수 효율을 높이고, 빛이 강한 환경에서 엽록소가 파괴되는 것을 방지해 준다. 또한 카로티노이드계 색소는 부족한 빛 조건에서 살아가기 위한 보조 장치 역할도 한다.

1 갈참나무의 겨울눈.
2 가지 끝에서 붉은 꽃이 보인다.
3 겨울눈 속에서 가지와 잎, 수꽃차례가 함께 나온다.

쓰러진 나무와 경사지의 나무

숲의 또 다른 풍경

낙엽 때문에 발이 미끄럽다. 쌓여 있는 나뭇잎은 대부분 가장자리에 물결 모양의 큰 톱니가 있는 갈참나무의 잎이다. 갈참나무의 겨울 잎은 나뭇잎 뒷면에 털이 많아서 회갈색으로 보인다. 갈참나무가 주변에 있겠지 생각하고 있는데, 길 바로 옆에 20미터 정도 되는 높이의 갈참나무가 쓰러져 있다.

숲을 걷다 보면 종종 큰 나무가 쓰러져 있는 것을 볼 수 있다. 그런데 이상하게도 나무의 뿌리가 납작하고 넓게 옆으로 퍼져 있는 모습만 보이고, 흔히 주근主根이라 부르는 땅속으로 곧게 뻗은 뿌리를 볼 수 없었다.

평소에 나무를 보며 나무는 튼튼한 중심 뿌리가 수직으로 깊게 박혀 있어서 위쪽으로 굵게 뻗은 줄기와 수많은 가지로 둥글게 만든 수형을 지탱하고 있을 것이라고 생각했다. 궁금하여 관련 책을 찾아보니 나무들은 어린 묘목일 때는 주근이 있지만, 자라며 사방으로 뿌리를 뻗어 힘을 분산한다고 나와 있다. 나무의 지상부와 지하부의 모양은 마치 와인잔을 밑부분까지 땅에 묻어 놓은 모양을 생각하면 쉽다는 설명이 이어진다. 넓고 둥글게 뻗은 가지에서 줄기로 좁아졌다가 땅속에서 뿌리가 다시 넓게 뻗은 모양이다. 이 글을 읽고 숲에 쓰러져 있던 소나무, 아까시나무, 참나무의 납작하게 드러났던 뿌리가 왜 그런 모습인지 이해할 수 있었다.

그런데 여기에 쓰러져 있는 갈참나무는 뿌리가 드러나 있지 않다. 나무가 왜 쓰러졌을까 이리 저리 살펴보니 살짝 들린 뿌리에 큰 돌이 박혀 있고, 줄기 밑동이 썩었다. 왜 이 나무는 때죽나무나 다른 나무들처럼 상처가 나고 썩어 가는 부분을 스스로 치료하지 않고 그냥 두었을까? 이 나무보다 더 심하게 찢어진 상처도 잘 보듬어 살고 있는 나무도 많이 보았는데.

왜일까? 혹시 경사면에서 자라는 나무는 주변의 나무들과 키 경쟁을 하느라 상처를 치료할 기회를 놓쳤을까? 나무는 어릴 때 생긴 상처는 잘 다스리고 치료할 수 있지만 나이가 많고 키가 커지면 치료 능력이 떨어지는 것일까? 어쩌면 크게 자란 나무의 밑동에 한꺼번에 너무 많은 상처가 생겨서 감당하지 못하고 균형을 잃어서 쓰러져 생명을 다했을 지도 모르겠다.

숲에서 생을 마감한 나무는 다른 생명을 키우고 물질을 순환시킨다. 키 큰 나무 한 그루가 쓰러지면 작은 나무들과 숲 바닥에서 살아가는 생명들은 갑자기 벌어진 일에 순간적으로 혼란스러울 것이다. 그러나 숲은 다시 안정을 찾아간다. 큰 나무가 쓰러진 틈으로 들어오는 많은 햇빛 때문에 그동안 빛이 부족해 성장하지 못했던 작은 나무들과 풀, 그리고 다양한 생명에게 새로운 기회가 생기고, 다시 질서가 생길 것이다. 숲에서 한 생명의 죽음은 끝이 아니라 공존이고 순환이고, 다시 태어나는 일이다.

계속 걷는 길은 흙으로 이루어진 경사면과 자갈이 넓게 퍼져 있는 너덜 경사면이 반복적으로 나타난다. 너덜에는 유기물이 쓸려 내려가지 않아 쌓인 유기물 층이 많고, 수분도 유지될 뿐만 아니라 바위와 돌이 막아 주어 답압도 생기지 않는다. 그래서 굵고 크게 자란 산벚나무, 층층나무, 때죽나무, 당단풍나무, 산딸나무 등을 볼 수 있다. 하지만 돌 틈에서 자라기 때문에 줄기의 밑동은 울퉁불퉁하다.

굵고 키가 쭉 뻗은 나무 사이에서 하늘을 올려보니 가지들이 만든 하늘길이 보인다. 가지들이 만든 하늘길은 옆 나무의 가지와 너무 가까워서 불편하고, 너무 멀어서 관계가 끊어지기 쉬운 거리가 아니라, 멀지도 가깝지도 않은 적당한 거리를 유지하고 있다. 함께 공존하며 평화롭게 살아가려는 나무들의 마음이 느껴진다.

내가 40대에 나무가 자라는 모습 속에 담긴 지혜를 알았다면 사람들과 맺는 관계 때문에 힘들어서 아파하지 않았을지도 모른다. 지금은 무채색 겨울 나뭇가지가 만든 하늘길이지만 나뭇가지에 싹이 나면 초록색으로 변할 하늘길도 기대된다.

경사면의 흙이 흘러내리는 것을 잡아 주는 역할을 하는 떨기나무인 국수나무에는 노랑턱멧새가 번식한 그릇같이 생긴 둥지가 있다. 초봄에는 약간 경사진 숲 바닥의 낙엽과 덤불 속에서 번식하는 것도 보았는데, 이곳에서는 얼기설기 뻗는 국수나무의 가지와 잎이 둥지를 가려 주고 지나가는 등산객이 뱀이나 까마귀 같은 천적을 막아 준다고 생각했는지 노랑턱멧새가 등산로 바로 옆에 둥지를 만들었다. 새들이 번식했던 둥지는 겨울에 많이 보인다.

주변에는 유난히 햇빛을 좋아하여 숲 가장자리나 숲의 빈터에서 잘 자라는 다릅나무가 건강하게 잘 자라고 있다. 다릅나무는 옆으로 말린 종잇장 같은 독특한 모양의 수피가 인상적이다. 크게 자란 산딸나무도 그 옆에서 얼룩얼룩한 수피와 가지 끝을 살짝 들어 올린 것 같은 모양으로 자라고 있다.

노랑턱멧새가 국수나무 가지에 둥지를 만들었다.

느릅나무

고깔모자를 쓴 요정 같은 겨울눈

느릅나무라는 이름은 나무의 속껍질을 벗겨 내 짓이기면 끈적끈적하고 느른해진다 해서 '느름나무'로 부르던 것이 변하여 된 것이라는 이야기가 있다. 이 나무는 일상생활에서 중요하게 사용되었다. 껍질은 유피楡皮라 하여 염증치료제로 사용했고, 뿌리껍질은 한약재로, 나무 속살은 아름다워 건축재나 가구재로 사용했다. 나무 속 껍질은 먹기도 했다. 《삼국사기》에 보면 온달의 집을 찾아간 평강공주에게 온달의 노모가 "아들은 배가 고파 느릅나무 껍질을 벗기려 산속으로 갔는데 언제 돌아올지 모르오"라고 답했다는 이야기도 나온다.

그 당시 사람들은 숲에서 느릅나무를 어떻게 알아보았을까? 잎이나 꽃, 열매가 있는 계절에는 그것으로 구별했겠지만, 그런 흔적들이 없는 겨울에는 세로로 갈라지고 비늘 모양으로 불규칙하게 벗겨지는 줄기를 보고 느릅나무를 알아보았을까?

그때도 느릅나무의 겨울눈을 익혀 둔 사람이 있었다면 겨울에 나무를 구별하는 데 유용하게 사용했을 것 같다. 느릅나무의 겨울눈은 참 매력적으로 생겼다. 짧은 털이 있는 1년생 가지에 달린 겨울눈은 자주색 눈비늘에 싸여 있는 둥그스름한 꽃눈과 이등변삼각형 모양인 잎눈이 있다. 겨울눈 아래에 있는 잎 떨어진 흔적은 둥근 삼각형 얼굴에 두 눈과 입이 있는 것 같은 모양으로 세 개의 관다발 자국이 뚜렷하다. 그래서 겨울눈과 잎 떨어진 흔적을 함께 보면 고깔모자를 쓴 요정 같다. 그 요정과 눈인사를 나눈 적이 있다면 매년 겨울 그 자주색 요정이 보고 싶어 느릅나무를 다시 찾게 될 것이다.

1 느릅나무의 겨울눈과 잎 떨어진 자국은 귀여운 작은 요정 같다.
2 잎눈에서 새 가지와 잎이 나왔다.

피나무

아기를 업은 겨울눈

산행을 하다가 나무 밑동이 썩어 쓰러져 죽은 갈참나무도 보고, 밑동이 그릇 모양으로 파여 있어도 잘 자라고 있는 나무도 보았다. 나무 밑동이 왜 이리 험하게 변했을까? 참 힘겹게 살았겠구나 생각하며 줄기 속을 보니 풀이 자랐던 흔적이 있다. 힘든 몸을 내어 준 나무와 아픈 상처 부분을 초록으로 풍성하게 덮어 준 풀이 함께 살아갔던 흔적이 아름답다.

이렇게 자란 나무의 이름이 궁금하여, 단서가 될 만한 것들을 찾아보았다. 세로 줄이 생긴 회백색 수피, 쉽게 이름이 떠오르지 않는 낯선 줄기였다. 키도 엄청 커서 겨울눈을 찾을 수도 없었다. 한참을 둘러보면서 고민하고 있는데, 뿌리에서 나온 맹아지에서 겨울눈을 보았다. 눈비늘이 빨갛고, 불룩하게 겹쳐져 있는 모양이 피나무다. 흔하게 볼 수 없는 피나무를 이곳에서 보다니, 반가웠다. 몇 가닥 나와 있는 맹아지에 달린 겨울눈으로 나무 이름을 알 수 있다는 것만으로도 즐겁고 신나는 기분이 들었다.

피나무의 '피皮'는 껍질을 뜻하는 말로, 껍질의 쓰임이 많아서 이런 이름을 얻었다. 수리산에는 피나무, 찰피나무, 굴피나무, 이렇게 세 종류의 '피나무'가 자라고 있다. 피나무는 껍질이 길고 질겨서 쓰임이 많았다. 잘게 쪼개서 옷을 만들기도 하고, 굵은 밧줄을 만들기도 하고, 촘촘히 엮어서 바닥에 까는 자리를 만드는 등 다양한 재질의 끈이 없었던 시절에 여러 용도로 사용되었다.

피나무의 붉은색 겨울눈은 광택이 나고 매끄러운 눈비늘에 싸여 있

1 아기를 업은 듯 볼록한 겨울눈.
2 겨울눈에서 싹이 나오고 있다.
3 깊게 파인 피나무의 밑동에서 풀이 자라났다.

다. 눈비늘은 두 장인데, 가장 밖에 있는 것이 불룩하게 나와 있어서 아기를 등에 업고 포대기로 싸맨 모양이다. 피나무의 겨울눈을 보면 첫아이를 등에 업고 어설프게 포대기를 매서 아이의 몸이 아래로 줄줄 흘러 내렸던 기억이 난다. 적갈색 1년생 가지에는 하얀색 껍질눈이 있고 곁눈의 배열은 어긋나기다.

찰피나무

질이 좋은 나무껍질

피나무 중 품질이 좋다는 의미의 '찰'자가 붙은 찰피나무가 있다. 수리산에 가면 이 찰피나무 군락지를 만날 수 있다. 찰피나무 군락지에 들어서면 회백색 줄기에 세로 골이 진 키 큰 나무가 쭉쭉 뻗어 있어 시원한 느낌이 든다. 회갈색 어린 가지에는 짧은 털이 빽빽이 나 있고, 겨

1 짧은 털에 싸여 있는 겨울눈.
2 4월경 겨울눈에서 턱잎과 함께 잎이 나온다.

울눈의 배열은 어긋나기다. 회갈색 털이 잔뜩 난 동그란 모양의 자색 겨울눈은 동그란 겨울눈 위에 또 하나의 겨울눈이 불룩하게 덧대어 있는 모양이다. 잎 떨어진 흔적은 반원 모양이고, 관다발 자국은 여러 개다.

이듬해 4월경 다시 찾은 찰피나무의 겨울눈은 놀랍게 변해 있었다. 겨울눈을 싸고 있던 눈비늘에 있던 털은 떨어지고 자주색으로 변하여 벌어졌으며, 강낭콩만 하게 부푼 겨울눈을 자주색이 섞인 초록색 턱잎이 감싸고 있었다. 가지와 잎은 빨리 밖으로 나가고 싶어 터질 듯 부풀어 있고, 턱잎은 아직은 나갈 때가 아니라고 꽁꽁 싸매고 있는 모습을 보고 있자니 찰피나무의 조심성이 느껴졌다. 턱잎이 조심스럽게 벌어지면 굵은 새 가지와 잎이 털에 싸여 나온다.

굴피나무

겨울에도 달려 있는 열매

길 위에 타원형 솔방울 모양의 열매가 떨어져 있다. 굴피나무 열매다. 옛날에는 머리빗 대용으로 사용했다는 말이 생각나 한 개 주워 앞머리를 살살 빗어 보니 머릿결이 차분해지는 것이 제법 쓸 만하다. 열매는 머리빗 외에 황갈색을 내는 염료로도 사용했다. 열매가 어디서 떨어졌을까 주변을 두리번거리다 고개를 들어 보니 크게 쭉 뻗어 자란 나무에 동그란 열매들이 많이 달려 있다. 굴피나무의 열매에 눈이 쌓이면 하얀 솜뭉치가 동글동글 달려 있는 것 같아 멋지다.

굴피나무는 햇빛을 좋아하는 양수다. 중부 이남 지방의 양지바른 산기슭이나 해변 근처에서 잘 자란다. 굴피나무라는 이름은 '껍질皮로 그물을 짜는 나무'라는 뜻의 '그물피나무'에서 나왔다고 한다. 굴피나무의 속껍질은 섬유질이 많아 질기기 때문에 물건을 묶는 줄이나 물고기를 잡는 그물을 만드는 데 쓰였다고 한다.

굴피나무의 1년생 가지는 황갈색으로 굵고, 가지 측면에 달린 곁눈은 어긋난 배열이며, 세로덧눈이 달린 것이 있다. 녹갈색 눈비늘에 싸여 있는 겨울눈은 달걀 모양으로 크며, 잎 떨어진 흔적도 둥근 모양으로 크다. 커다란 겹잎을 달고 있었기 때문이다. 이듬해 가지 끝에 달린 겨울눈에서는 가지와 잎이 나오고, 새 가지 끝에서는 꽃차례가 나온다. 수리산에는 피나무를 비롯해 찰피나무와 굴피나무도 자라고 있어, 옛날에는 인근에 사는 사람들의 생활에 유용하게 사용되었을 것이다.

1 떨어지지 않고 달려 있는 잎자루와 잎 떨어진 흔적. 2 커다란 겨울눈.
3 겨울눈과 솔방울 모양의 열매.
4 눈비늘이 벌어지면 가지와 잎을 감싸고 있던 턱잎이 뒤로 말리며 싹이 나온다.
5 겨울에도 달려 있는 솔방울 모양의 열매.

헛개나무

술을 헛것으로 만든다는 나무

헛개나무는 '술을 헛것으로 만드는 나무'라 해서 그런 이름이 되었다고 한다. 보통 헛개나무를 이용해 숙취 해소에 효과가 있다고 알려진 음료를 만든다는 사실을 많이 들어보았겠지만, 실제로 술을 깨는데 효과가 있는 이 헛개나무의 열매자루와 열매를 직접 본 사람은 많지 않을 것이다. 헛개나무는 중부지방의 산에서 흔히 볼 수 있는 나무는 아닌데, 수리산에 몇 그루 자라고 있다.

헛개나무 수피는 독특하다. 얇은 껍질을 직사각형 모양으로 오려서 줄기에 세로로 붙여 놓은 모양이다. 그중 일부분은 직사각형 아랫부분의 접착력이 약해져 붙여 놓은 것이 떨어진 것 같이 들떠 있다. 이런 모양으로 수피가 떨어지는 나무가 흔치 않아서 수피의 모습을 잘 기억해 놓으면 나무를 구분하는데 도움이 된다. 거친 줄기의 수피에 비해 1년생 가지의 수피는 갈색으로 매끈하고 껍질눈이 있다.

헛개나무의 겨울눈은 모양이 특이하다. 털이 있는 곁눈은 도깨비 뿔처럼 튀어 나와 있고, 곁눈 아래 달린 덧눈은 잎 떨어진 흔적 안에 박혀 있는 모양이다. 잎 떨어진 흔적은 V자 모양을 하고 있고, 관다발 자국은 세 개다. 간혹 곁눈 위나 옆에 동그란 자국이 보이는데, 열매가 떨어진 자국이다.

헛개나무 아래의 계곡 주변에는 다양한 종류의 나무들이 산다. 덜꿩나무, 산벚나무, 다래, 노린재나무, 고추나무, 초피나무, 딱총나무, 누리장나무, 국수나무, 고로쇠나무, 참빗살나무. 이 한 자리에서만 나무 공부를 해도 여러 종에 관해 공부할 수 있다. 이곳에서 자라는 참빗

1 도깨비 뿔처럼 생긴 곁눈과 세로덧눈. 2 동그란 모양의 열매자루 떨어진 흔적.
3 곁눈에서 싹이 나고 있다. 4 곁눈과 세로덧눈에서 동시에 싹이 났다.
5 직사각형 아랫부분이 살짝 들린 듯한 수피.

살나무를 보면 생각나는 분이 있다. 그 분은 참빗살나무의 줄기가 부러졌다고 그 가지를 연결해 끈으로 묶어 주었다. 그 참빗살나무는 지금도 잘 자라고 있는데, 그 분은 세상을 떠나셨다. 나무를 참으로 사랑했던 그 분을 생각하며 나도 그 모습을 본 받으려 노력하고 있다.

겨울나무 수업을 하다가 가지가 높아 겨울눈이 안 보인다고, 가지를 꺾어서 관찰하면 안 되겠냐는 질문을 받은 적이 있다. 그때 "우리가 겨울눈을 공부해서 다 아시겠지만, 나무의 가지를 자르면 그 나무의 미래를 자르는 것이 아닐까요"라고 말씀드렸다.

겨울나무를 공부한 어떤 분의 말이 생각난다. 나뭇가지가 필요해 전지가위를 들고 산에 갔는데, 겨울눈이 자기를 똑바로 쳐다보고 있는 것 같아 차마 가지를 자를 수가 없었다는 고백이었다. 나무 이름을 많이 아는 것보다 이렇게 작은 생명을 사랑하고 아끼는 마음이 더 중요하다. 이렇게 참으로 제대로 공부한 사람들의 사랑 가득한 마음이 소중하고 귀하다.

초피나무

마주난 가시

열매의 껍질을 약재나 향신료 등으로 이용하기 때문에 이름에 '초피椒皮'가 들어간 초피나무는 나무가 몸에 스치기만 해도 강한 향기를 느낄 수 있다. 남부지방에서는 초피나무의 열매를 흔히 '재피' 혹은 '젠피'라고 하며, 추어탕의 비린내를 없애는 향신료로 사용한다.

초피나무의 줄기는 회갈색으로 세로 줄이 있다. 1년생 가지는 붉은빛이 도는 갈색이고 겨울눈을 중앙에 두고 마주나는 가시를 달고 있다. 곁눈의 배열은 어긋나기다. 겨울눈은 잎맥이 두드러져 보이는 원시적인 잎 모양의 눈비늘로 싸여 있다. 눈비늘이 잎 모양이어서 맨눈이 아닐까 생각했었다. 만약 맨눈이라면 눈이 전개될 때 겹잎이 전개되어야 하는데, 실제로 겨울눈이 벌어지는 모양을 보니 홑잎 같은 조각이었다. 초피나무의 눈비늘은 주의 깊게 관찰할 필요가 있다.

이듬해 3월 말경에 가지 끝에 달려 있는 눈에서는 눈비늘이 벌어지며 가지와 겹잎이 전개되고, 꽃대가 올라온다. 가지 옆에 달린 곁눈에서는 겹잎이 바로 나온다. 갓 나온 겹잎의 가장자리는 물결 모양에 톱니가 있는데, 그 톱니 부분에 선점腺點이 있다.

초피나무는 왜 가시 사이에 겨울눈을 만들었을까? 산초나무처럼 가시를 한 개씩 만들면 가시를 만들기 위해 사용하는 에너지도 덜 소모될 텐데. 귀룽나무 겨울눈을 들꿩이 따 먹는 것을 본 적이 있는데, 어쩌면 새들이 겨울눈을 부리로 쪼아 먹으려 할 때 가시에 찔려서 못 먹게 하려는 것일지도 모른다. 고라니나 토끼가 가지와 싹을 싹둑 베어 먹으려 할 때 아프게 하려고 만들었을 가능성도 있다. 아니면 왜소하

1 마주난 가시 사이에 있는 겨울눈.
2 눈비늘이 벌어지며 겹잎이 나온다.
3 새 가지 끝에 꽃차례가 생긴다.
4 잎 가장자리에는 향기가 나는 선점이 있다.

게 자라는 초피나무가 주변의 나무와 동물들에게 약한 모습을 보이기 싫어 날카로운 가시를 달아 강한 척 하는 것일지도 모른다. 꿀벌같이 위장하는 꽃등에처럼.

나무들의 모습을 하나하나 자세히 살펴보면 궁금한 점이 한두 가지가 아니다. 그런 궁금증은 계속 관심을 갖고 다양한 지역에서 자세히 관찰하다 보면 해결을 위한 실마리를 조금씩 얻을 수 있다. 뭇 생명이 살아가는 모습은 모두 같지 않고 무한한 다양성을 보여 주기 때문에 관찰이 더욱 즐거워진다.

비목나무

주먹 쥐고 만세!

수리산에 가면 남부지방에서 볼 수 있는 비목나무를 관찰할 수 있다. 수리산 샘터 쪽에서 올라오는 등산로 초입에는 어린 비목나무가 많이 자라고 있다. 씨앗의 자연발아가 잘 되어서 그런 것 같다. 어린나무일 때는 이렇다 할 특징이 없어 비목나무를 알아보기가 쉽지 않다. 그러나 큰 나무가 되면 비목나무에서만 볼 수 있는 특징들이 나타난다. 첫째 특징은 꽃눈이다. 꽃눈은 콩알만 한 모양과 크기로 눈자루 위에 달린다. 가지 끝에 달린 길쭉한 잎눈과 함께 보면 주먹 쥐고 만세를 부르는 사람 모양으로, 한 번 보면 오래 기억할 수 있다. 두 번째 특징은 오래된 수피 모양이다. 어린나무의 수피는 연한 회갈색 껍질눈이 있는 정도밖에는 별로 특이한 점을 찾을 수 없다. 그러나 오래된 나무줄

1 비목나무의 길쭉한 잎눈과 눈자루 위에 달린 동그란 꽃눈. 2 독특한 수피.
3 잎눈에서 싹이 났다. 4 잎눈에서는 잎이, 꽃눈에서는 꽃이 나왔다.

기의 수피는 작은 조각으로 불규칙하게 떨어지는데, 마치 세로로 불규칙하게 붙여 놓은 비늘의 아랫부분이 들뜬 모양이다. 꽃눈과 수피와 더불어 끝이 뾰족한 긴 타원형 잎눈을 기억해 둔다면 겨울에 비목나무를 구별하는 데 문제가 없을 것이다.

이듬해 3월 말경부터 잎눈에서는 눈비늘이 부풀고 늘어나기 시작하며, 4월경에는 눈비늘이 벌어지며 턱잎과 함께 잎이 나온다. 잎이 어느 정도 커지면 꽃눈의 눈비늘이 벌어지며 바로 노란 꽃이 우산 모양으로 달려 핀다.

비목나무 하면 이름 없는 주검의 자리를 나타내는 초라한 나무 묘비를 의미하는 비목碑木을 먼저 떠올린다. 하지만 비목나무는 비목으로 쓸 수는 있겠지만, 비목과는 딱히 관련이 없다.

비목나무를 마지막으로 수리산 성지 방향으로 내려오며 공부를 마무리한다. 수리산은 중부지역에서 볼 수 있는 나무와 남부지역에서 자라는 나무가 함께 살아가는 모습을 볼 수 있는 흔치 않은 숲이다. 그리고 오늘 선택한 길은 바람이나 건조 등 나무 성장에 제한이 되는 요인이 많은 능선 길 대신 풍부한 유기물 층과 적당한 습도가 유지되는 비탈길로, 다양한 수종과 키가 크고 굵은 나무들이 자라는 모습을 볼 수 있다.

이런 숲길에서는 오래된 나무들이 일정한 거리를 유지하며 함께 살아가는 풍경을 만날 수 있다. 새와 곤충, 사람을 비롯하여 다양한 생명과 관계를 맺으며 살아 온 나무의 겨울 모습과 겨울에 더 잘 보이는 아픈 삶의 흔적과도 마주한다. 아픈 상처를 스스로 감싸고 치유하며 살아가는 나무에게서 굳은 삶의 의지를 읽고, 나눔의 모습에서 공존의 지혜를 배운다.

· · · 다섯 번째 시간 · · ·

동행의 숲

함께 북한산 영봉에
오르다

겨울나무를 만나러
숲에 드는 사람들

겨울만 되면 배낭을 메고 숲으로 가는 사람들이 있다. 겨울나무가 겨울을 두려워하지 않듯, 겨울의 매서운 추위를 당연히 여기고 겨울 산에 드는 사람들. 겨울나무를 공부하기 위해 겨울 산에 오르는 사람들이다. 이들의 산행은 정상을 향해 달음질치듯 오르는 산행이 아니라 숲길에 있는 나무 한 그루 한그루의 겨울눈冬芽과 눈目을 마주치며 이루어진다. 한 자리에서 몇십 분을 서서 나무와 교감하는 일이기 때문에 실제 기온보다 훨씬 춥게 느껴진다.

보온을 위한 옷차림은 나무의 겨울눈에서 배우면 확실하다. 방수와 방풍이 되는 눈비늘 같은 겉옷을 입고, 여러 겹 싸여 있어 겨울눈을 보호하는 턱잎처럼 얇은 옷을 안에 여러 겹 겹쳐 입는다. 털옷을 챙겨 입는 방법도 있다. 이처럼 옷을 챙겨 입으면 추위쯤은 완벽하게 대비할 수 있다. 물론 목도리, 장갑, 모자와 두 켤레의 양말을 신는 것도 필수다. 이렇게 단단히 대비해도 손이 곱고 발이 시려 동동거리게 되는 한겨울에 겨울나무의 겨울눈과 눈 맞추며 즐거워하는 사람들의 모습이 참 행복해 보인다. 겨울 산에 오른 사람들은 "작은 겨울눈을 관찰하며 신기한 경험을 하고, 다양한 나무들이 겨울을 살아 내기 위해 선택하는 전략에서 생명의 경이로움과 신비로움을 느끼게 된다"고 입을 모은다. 그리고 공기 좋은 자연에서 좋은 사람들과 함께 공부하는 시간이 너무 즐겁고 행복하다고 말한다. 겨울나무를 공부하며 하는 산행은 나무가 태아胎兒였을 때의 모습을 만나는 시간으로, 생명의 경이로움을 느끼며 나무의 지혜를 배우고, 몸과 마음이 건강해지는 힐링의 시간이다.

오늘도 만나면 행복해지는 그들과 함께 북한산 우이역에서 만나 육모정 고개를 지나 영봉에 오른다. 영봉 가는 길은 5월 중에 함박웃음을 짓는 것 같은 꽃을 피우는 함박꽃나무와 매혹적인 향기를 지닌 털개회나무의 겨울 모습을 관찰할 수 있는 곳이다.

숲의 옷

나무 공동체가 만든 공간

등산로 주변에는 등산로와 숲의 경계를 자연스럽게 만들어 주는 키 작은 떨기나무들이 자란다. 이 나무들은 사람들에게 숲으로 들어가는 것을 자제해 달라고 말하는 숲의 안내문 같다. 무리 지어 자라는 국수나무, 싸리, 찔레꽃, 칡과 같은 나무들이 만든 공동체 공간이다. 이렇게 숲 가장자리에서 자라는 떨기나무와 덩굴나무를 일컬어 '숲의 옷林衣'이라 한다.

옷이란 추위와 더위로부터 보호해 주기도 하고, 내 정체성을 잘 드러내 주는 도구이기도 하다. 숲의 옷은 바람으로부터 숲을 보호하고, 비가 많이 올 경우 산사태를 예방한다. 그리고 작은 동물이나 새가 위험을 피해 숨거나, 번식과 먹이 활동을 하기 위한 자연스러운 공동체 공간이 되어 준다. 입술이 없으면 이가 시린 것처럼 숲의 옷이 없다면 숲의 큰키나무들은 쉽게 바람에 쓰러질 것이고, 생태계가 온전한 구실을 하지 못할 것이다. 변변치 않게 자라는 것처럼 보여도 이 작은 나무들이 '숲의 옷' 역할을 묵묵히 수행하는 덕분에 숲이 안정적인 형태를 이룬다.

이곳에서 직박구리가 사용했을 것 같은 둥지를 보았다. 6월경 번식기에는 무성하게 자란 떨기나무들의 잎에 가려 노출이 되지 않았다가 잎이 떨어진 후에야 둥지 모양이 보인다. 직박구리는 이런 떨기나무들 덕분에 무사히 서너 마리의 새끼들을 키워 이소시켰을 것이다. 둥지를 만들고 새끼를 키울 때 주변에서 찌익 찌익, 꽤 시끄럽게 울어 댔을 직박구리의 소리가 들리는 듯하다.

1 찌익 찌익 시끄럽게 울지만 우아한 회색빛 깃털을 지닌 직박구리.
2 직박구리가 만든 둥지 흔적.

다양한 생명을 품어 주는 '숲의 옷'.

병꽃나무

'숲의 옷'을 이루는 한 자락

병꽃나무는 '숲의 옷'을 구성하는 데 빠질 수 없는 나무다. 병꽃나무가 자라는 형태가 뿌리에서 여러 개의 줄기가 나와서 자라는 떨기나무의 구조를 하고 있기 때문이다. 병꽃나무는 병 모양으로 생긴 열매가 씨앗을 흩뿌리고 벌어진 형태로 겨울에도 남아 있어 쉽게 알아볼 수 있다.

병꽃나무의 회갈색 줄기에는 껍질눈이 있고, 수피는 세로로 얇게 갈라진다. 1년생 가지도 회갈색이고 짧은 털이 있다. 회갈색 끝눈은 뾰족한 달걀 모양으로 살짝 각이 져 있다. 잎 떨어진 흔적은 삼각형이고, 관다발 자국은 세 개다. 이듬해 3월경에 겨울눈에서 잎이 전개되는데, 가지 끝에 달린 끝눈에서는 짧은 털이 달린 가지와 잎이 전개되고, 곁눈에서는 두세 장의 잎과 함께 꽃이 나온다. 간혹 곁눈에서 가지가 전개되는 경우도 있다. 북한산에는 연한 연두색 꽃이 피는 병꽃나무 외에도 붉은 꽃이 피는 붉은병꽃나무도 섞여 자란다.

신검사 담장 옆으로 흙길이 끝나고 평평한 바윗길이 이어지는 등산로 주변에 쪼개진 바위들이 많이 보인다. 바위들 사이로 소나무와 상수리나무, 밤나무와 신갈나무 등이 하늘을 받치고 자라고 있고, 그 아래로 국수나무, 누리장나무, 작살나무 등 키 작은 떨기나무들이 연달아 등장한다. 그중에는 겨울인데도 빨간 열매를 매달고 있고, 동그란 겨울눈을 가지고 있는 덜꿩나무가 있다.

1 병꽃나무의 겨울눈.
2 가지 끝에 달린 잎눈에서는 잎이 나오고, 곁눈에서는 꽃과 잎이 함께 나온다.

덜꿩나무

유난히 많은 보들보들한 털

덜꿩나무에는 털이 유난히 많다. 잎에 난 털은 극세사 이불처럼 부드럽고, 잎이 떨어지고 남은 가지와 겨울눈에 나 있는 털은 짧은 누런색 털이다. 고맙게도 덜꿩나무의 가지에 나뭇잎 한 장이 달려 있었다. 나뭇잎이 달려 있는 것이 고마운 이유는 잎자루에 달려 있는 턱잎이 나무 동정 포인트 중의 하나이기 때문이다.

겨울에 열매와 나뭇잎이 모두 떨어져 가지만 있다면 덜꿩나무인지 가막살나무인지 알 수가 없다. 두 나무 모두 1년생 가지에 털이 많고, 겨울눈의 모양도 비슷하다. 그래서 두 나무를 비교할 때 찾아보는 것이 잎자루에 달려 있는 짧은 선형의 턱잎이다. 턱잎이 있으면 덜꿩나무, 턱잎이 없으면 가막살나무다.

덜꿩나무는 산에서 쉽게 볼 수 있는 나무로 키가 크지 않고, 가지가 뻗은 모습이 단정하다. 1년생 가지 끝에 달린 겨울눈은 한 개부터 세 개까지 있다. 겨울눈 가운데 모양이 뾰족한 것은 잎눈으로, 이듬해 4월경에 여기서 가지와 턱잎이 달린 잎이 나온다. 덜꿩나무의 주름 잡힌 잎은 두 장씩 마주 달린 모양으로 딸아이 머리에 꽂아 주었던 나비 모양의 머리핀처럼 예쁘다. 둥글게 생긴 겨울눈은 혼합눈인데, 혼합눈에서는 두 장의 잎과 함께 꽃대가 나오고 흰색 꽃이 핀다. 간혹 덜꿩나무의 빨간 열매는 겨울에도 달려 있어 새들의 먹이가 되기도 하고, 회백색의 숲에 활력을 준다.

1 길쭉한 잎눈에서는 가지와 잎만 전개된다.
2 잎자루의 턱잎은 덜꿩나무의 주요 구별점이다. 3 동그란 혼합눈.
4 묵은 열매가 새순이 나올 때까지 달려 있기도 하다.
5 혼합눈에서는 가지와 잎, 꽃대가 함께 나온다.

소태나무

주먹 쥔 손을 감싼 모양의 겨울눈

미각의 반은 기억이라고 했던가. 소태나무는 이름만 들어도 쓴맛이 느껴진다. 소태나무라는 말에 절로 얼굴이 일그러지는 것은 왜일까. 동생이 생겼는데도 엄마 젖에 계속 매달리는 나 때문에 엄마가 특단의 조치로 젖꼭지에 발라 놓은 소태즙을 빨아 본 경험을 몸이 기억하고 있어서일까. 아니면 나무 공부를 시작하던 시절, 강사가 소태나무 잎을 조금 잘라 맛보라며 장난 섞인 권유를 했을 때 넘어가 경험한 그 지독한 쓴맛이 생각났기 때문인지도 모르겠다. 어쨌거나 그 쓴맛은 한번 맛본 사람은 평생 잊지 못할 것이다. 소태나무의 쓴맛은 콰신quassin이라는 성분 때문이다. 이 성분은 잎, 나무껍질, 줄기, 뿌리에 골고루 들어 있다고 한다.

겨울나무를 관찰할 때 소태나무는 한눈에 알아볼 수 있는 특징이 있어 반가운 나무다. 첫 번째 특징은 적갈색 가지에 있는 둥근 삼각형 모양의 하얀색 잎 떨어진 흔적이다. 흔적이 유난히 크고 밝아 멀리서 봐도 눈에 확 들어온다. 잎 떨어진 흔적에 비해 곁눈은 작은 동그라미 모양으로 달려 있다.

두 번째 특징은 가지 끝에 달린 겨울눈이다. 그 겨울눈은 눈비늘에 싸여 있지 않은 맨눈으로 오므리고 있는 잎 자체를 진갈색 털로 싸서 보호하고 있다. 소태나무의 맨눈은 주먹을 쥐고 있는 손을 다른 손이 감싸고 있는 듯한 독특한 모양이다. 그 맨눈에서는 이듬해 4월경에 오므리고 있던 잎이 그대로 일어서듯 펼쳐지고, 새 가지를 뻗는다. 황록색 꽃은 새 가지의 잎겨드랑이에 핀다.

1 둥근 삼각형의 잎 떨어진 흔적이 크고 흰색이다.
2 맨눈이 서서히 벌어지고 있다. 3 겨울눈에서 겹잎이 전개되었다.

함박꽃나무

비밀스러운 선

용덕사 담장에는 가지를 넓게 펼치고 자라고 있는 함박꽃나무가 몇 그루 있다. 함박꽃나무를 보면 소담하고 하얗게 피는 꽃이 먼저 떠오른다. 함박꽃나무는 꽃 모양이 나무의 속을 파서 만든 커다란 그릇인 함지박을 닮았다고 그런 이름이 되었다는 이야기가 있다. 하지만 함박꽃나무의 꽃을 보는 순간, 너무 예쁘고 반가워 '함박웃음'을 짓게 되어서 그런 이름이 붙었을지도 모른다는 상상도 해 본다.

겨울에 함박꽃나무를 구별하는 방법은 여러 가지가 있다. 그중에서 1년생 가지 끝에 있는 흑자색 가죽질로 된 길고 납작한 모양의 겨울눈을 기억해 두는 것과 가지를 둘러싼 선線을 찾아보는 방법이 쉽다. 가지에 새겨진 선의 종류는 두 가지다. 하나는 가지 끝에 달린 겨울눈을 싸고 있던 눈비늘이 떨어진 흔적인 아린흔이고, 다른 하나는 잎 떨어진 흔적과 마주난 선으로 턱잎이 떨어진 흔적이다. 이 선은 함박꽃나무 외에도 다른 목련과 나무에서도 관찰되는 특징이다.

함박꽃나무는 4월 중순쯤에 가지의 곁눈에서 하얀 솜털을 뒤집어쓴 것 같은 어린잎이 마치 토끼 귀처럼 반씩 접혀서 두 장 또는 세 장씩 나온다. 그 어린잎이 햇빛을 받아 빛나는 모습이 얼마나 사랑스러운지 산길을 걷다가 잠깐 걸음을 멈추고 바라보게 된다. 새 가지 끝에서 피는 하얗고 탐스러운 꽃은 지나가는 등산객의 얼굴에 함박웃음을 짓게 할 것이다. 겨울눈에서 새순이 전개되는 모습은 나무가 보여주는 또 하나의 경이로운 순간이다. 언제나 기특하고 사랑스러운 모습이라 탄성이 절로 나온다.

1 함박꽃나무의 가죽질 겨울눈과 곁눈 옆으로 가지를 두르고 있는 선.
2 겨울눈이 벌어지며 싹이 나온다.   3 어떤 눈에서는 잎과 꽃봉오리가 함께 나온다.
4 보기만 해도 '함박웃음'을 짓게 하는 꽃.

다래류

흔적 없이 숨어 있다 살며시 나타나는 겨울눈

다래류의 매끈한 갈색 가지에는 돌출된 잎 떨어진 흔적이 분화구 모양으로 패어 있고, 그 흔적 안에는 한 개의 관다발 자국이 작게 남아 있다. 그런데 잎 떨어진 흔적 위에 있어야 할 겨울눈이 보이지 않고 봉긋 솟은 점 하나만 보인다. 다래류의 나무는 이런 겨울눈의 흔적을 가지고 있다.

다래류의 나무는 묻힌눈隱芽 형태의 겨울눈을 가지고 있어 겨울에 겨울눈의 모양을 볼 수 없다. 이듬해 3월쯤 묻힌눈을 뚫고 고깔모자같이 생긴 초록 싹이 쏙 고개를 내밀고, 그 싹에서 전개되는 가지에서 초록 잎이 나오고 하얀 꽃이 핀다. 다래류의 나무는 잎 떨어진 흔적과 겨울눈의 모양이 비슷한데, 줄기의 색깔이나 골속의 색과 모양을 보고 다래, 쥐다래, 개다래로 구분한다. 다래류처럼 묻힌눈을 가진 나무로는 아까시나무가 있다. 소중한 보물이 추운 겨울 동안 잘못될까 싶어 밖에 내놓지 못하고 안으로 숨겨 둔 모습에 나무의 조심스러움과 철두철미함이 느껴진다.

1 잎 떨어진 흔적 위의 묻힌눈은 겨울에 잘 보이지 않는다.
2 묻힌눈에서 고깔모자 같은 초록 싹이 나온다.
3 4월 중 덩굴줄기에서 잎이 나오고 있다.

고추나무

지저분한 줄기

고추나무는 잎과 작고 갸름한 꽃봉오리, 하얗게 핀 꽃의 모양이 고추와 비슷하게 생겨서 이런 이름이 되었다. 겨울에 고추나무를 알아보려면 열매와 지저분해 보이는 줄기를 기억해 두면 된다. 가지 끝에 달린 열매는 바람이 빵빵하게 들어간 날개 모양으로, 바람이 불면 둥실둥실 날아갈 것 같은 독특한 모양이다. 지저분해 보이는 줄기는 복엽을 달고 있던 엽축이나 열매자루가 가을에 깨끗하게 떨어지지 않고 부러진 채로 남아 있어서 그렇게 보이는 것이다.

흑자색의 겨울눈은 반원 모양으로 가지 끝에 두 개씩 달리고, 두 개의 겨울눈 사이에는 열매자루가 떨어진 흔적이 있다. 잎 떨어진 흔적은 둥근 모양이고, 관다발 자국은 세 개다. 고추나무의 겨울눈에서는 이듬해 4월경에 광택이 나는 잎과 가지가 함께 나온다. 그리고 새 가지 끝에서 하얀색 꽃이 핀다.

1 흑자색 반원 모양의 겨울눈이 마주난다.
2 바람이 들어간 날개 모양의 열매.
3 4월경에 광택이 나는 잎과 가지가 나오고 가지 끝에서는 꽃봉오리도 나온다.

노린재나무

따뜻한 온기가 느껴지는 나무

쭉쭉 뻗은 나무의 줄기 사이로 파라솔을 펼쳐 놓은 것 같은 수형의 나무가 보인다. 특이한 수형 때문에 쉽게 알아볼 수 있는 노린재나무다. 노린재나무는 산에서 흔히 볼 수 있지만, 10년 전 검단산에서 보았던 노린재나무는 잊히지 않는다. 처음으로 겨울나무를 공부하러 겨울 산에 갔던 시절의 일이다. 두껍게 껴입은 옷 때문에 오르막에서는 몸에 열이 나는데, 차가운 바람 때문에 손과 발은 시리고, 길은 왜 그렇게 길고 힘든지. 괜히 왔다는 후회와 그만둘까 하는 번민이 수없이 교차하는 시간이었다. 그래도 그 와중에 요령이 생겼는데, 루페를 들고 겨울눈을 관찰하는 척하며 쉬는 것이었다. 그렇게라도 잠깐 쉬고 또 무거운 발걸음을 옮기곤 했었다. 그런 상황에서 노린재나무의 푹신해 보이는 수피를 보았는데, 어찌나 포근해 보이고 평안한 느낌인지 그 기억이 강하게 머릿속에 남아 있다.

노린재나무는 굵은 줄기에 세로로 깊은 골이 패어 있는데, 그 울퉁불퉁한 회색 수피를 만지면 온기가 느껴지는 듯하다. 농기구 자루로 만들어 사용했다면 손에 부드럽게 잡히는 느낌이 참 좋았을 것 같다.

노린재나무의 회갈색 1년생 가지에는 털이 있다. 약간 튀어나온 턱에 잎 떨어진 흔적이 반원 모양으로 작게 있고, 관다발 자국은 한 개의 둥근 선 모양이다. 겨울눈도 아주 작은 반원 모양으로 잎 떨어진 흔적이 있는 턱 위에 올라앉아 있다.

1 수평으로 퍼지는 노린재나무의 수형. 2 푹신해 보이는 수피.
3 작은 겨울눈에서 잎이 나오고 있다. 4 겨울눈에서 잎과 꽃대가 함께 나온다.
5 잎과 함께 나온 꽃대가 길어지고 하얀 꽃이 피려 한다.

고광나무

고양이 눈을 한 겨울눈

고광나무는 깜깜한 밤에 보면 꽃에서 한 줄기 빛이 뿜어져 나오는 듯해서 '홀로 빛난다'는 뜻의 '고광孤光'이 이름에 붙었다고 한다. 이름의 유래를 확인하고는 5월의 밤에 고광나무꽃을 보러 숲에 가고 싶다는 생각을 했었다. 이후 겨울에 고광나무의 겨울눈을 봤는데, 그 모양이 마치 깜깜한 밤에 나를 흘겨보는 빛나는 고양이의 눈 같아 보였다. 그래서 혹시 고광나무의 이름은 겨울눈의 모양을 관찰한 사람이 지은 것이 아닐까 하는 엉뚱한 상상을 해 보기도 했다.

고광나무의 하얀 겨울눈은 가을에 잎이 떨어지기 전까지 보이지 않다가 잎이 떨어진 후에 보인다. 이런 겨울눈의 형태를 잎자루 안에 있던 눈, 내아內芽라고 한다. 고광나무의 가지 끝에 달려 있는 두 개의 눈 사이에 보이는 동그란 모양은 고광나무의 열매자루가 떨어진 흔적이다. 고광나무도 흔하지는 않지만 겨울에 열매를 달고 있기도 하다.

고광나무의 가지 뻗는 모양은 특이하다. 온전하게 자란 가지가 육각형으로 뻗어나가는 것을 볼 수 있다. 이것은 가지 끝에 달린 두 개의 겨울눈에서 각각 하나의 가지가 자라고, 그 가지 끝에서 또 두 개의 가지가 생기는 형태로 가지가 뻗어 나가기 때문이다. 고광나무의 겨울눈에서는 이듬해 4월경 고양이 눈같이 생긴 하얀 막을 뚫고 흰 털을 뒤집어쓴 초록색 가지와 잎이 나온다. 하얀 꽃은 새 가지 끝에서 핀다.

1 잎이 떨어진 후에 보이는 겨울눈. 2 가지 끝의 두 개의 내아에서 각각 가지와 잎이 나온다.
3 작년에 가지 끝에 달렸던 열매가 남아 있다. 4 5월에 피는 고광나무꽃.

물오리나무

지혜로운 선택

숨을 헐떡거리며 오르막을 오르면 길옆으로 커다란 바위가 나타난다. 바위 앞에는 넓은 공터가 있다. 동쪽에서 따사로운 햇살이 비치고, 뒤쪽으로는 바위가 바람을 막아 주는 아늑한 터다. 그 터를 따라 진

달래, 뽕나무, 국수나무, 병꽃나무, 함박꽃나무, 매화말발도리가 보인다. 공터는 사람들이 휴식을 취하고 가는 장소인지 엉덩이를 붙일 만한 크기의 돌 여러 개가 둥글게 놓여 있다. 마침 그 장소에 사람들이 없어 거기서 점심을 먹었다. 점심을 먹다 고개를 들어보니 물오리나무의 가지가 이상하게 뻗어 있는 것이 보였다.

일반적으로 나무는 원줄기를 중심으로 대칭으로 가지를 뻗는데, 이 물오리나무는 오른쪽으로만 가지를 뻗었다. 왼쪽으로 살짝 가지를 뻗었던 것도 몸을 비틀어서 오른쪽으로 틀었다. 왜 그럴까 생각을 하고

주변을 살펴보니 나무 왼쪽에 있는 거대한 바위의 영향인 것 같았다. 물오리나무는 바위의 키를 감지하고 바위와 경쟁을 피하기 위해 아예 가지를 바위 반대 방향으로 뻗은 것이다. '누울 자리 봐 가며 발을 뻗는다'고 했던가. 바위를 감지하고 가지를 뻗은 나무의 겨울눈이 참 지혜롭다.

겨울 숲에서는 특히 나무줄기의 형태를 자세히 볼 수 있다. 보통 곧은 모습이지만 구부러진 나무도 볼 수 있는데, 예전에는 그런 구부러진 나무들은 자연스럽게 몸을 틀며 자란 것이라 생각했었다. 그러나 겨울눈에서 가지를 뻗는 모습을 자세히 보면 가지 말아야 할 방향의 겨울눈은 싹이 트지 않고, 가지가 자라야 할 방향의 눈에서만 싹이 튼다. 구부러진 나무는 수십 수백 개의 겨울눈을 포기한 결과인 것이다. 포기할 것은 과감히 결단하며 삶을 이어 가는 나무의 지혜로운 모습을 보며 버려야 할 것을 포기하지 못하고 붙들고 있는 나의 미련함과 우유부단함을 반성하게 된다.

쪽동백나무

껍질을 벗는 나무

쪽동백나무의 '쪽'이라는 말에는 쪽문이나 쪽배처럼 '작다'는 뜻이 있다. '동백나무보다 열매가 작은 나무'라는 의미로 쪽동백나무가 된 것이다. 동백나무가 자라지 않는 지역에서는 머릿기름으로 쪽동백나무, 때죽나무, 생강나무의 씨앗에서 짠 기름을 사용했다고 한다. 쪽동백나무는 토양이 비옥하고 습한 곳에서 잘 자란다. 쪽동백나무의 수피는 흑회색으로 매끈하며, 1년생 가지는 자갈색 또는 녹갈색이다. 곁눈의 배열은 어긋나기이고, 겨울눈은 황갈색 털이 더부룩하게 덮여 있는 긴 타원형이다.

쪽동백나무의 겨울눈에는 다양한 특징이 있다. 첫 번째 특징은 겨울눈이 잎자루 속에 있어 가을에 잎이 떨어져야만 겨울눈의 모습을 볼 수 있는 내아內芽다. 두 번째 특징은 겨울눈이 눈비늘 조각에 싸여 있지 않고 털로 덮여 웅크리고 있다가 봄이 되면 그대로 일어나서 잎과 가지를 뻗는 맨눈이다. 꽃은 새로 나온 가지 끝에 달린다. 세 번째 특징은 쌀알을 튀겨 놓은 것 같은 겨울눈이 세로로 두세 개씩 붙어 있는 세로덧눈이다. 이듬해 봄에 대부분의 세로덧눈 중에서 가장 위에 있고 커다란 눈에서 새 가지가 나오지만, 어떤 눈에서는 두 번째 세 번째 눈에서도 싹이 나서 가지를 뻗는 경우도 있다.

쪽동백나무는 겨울눈의 다양한 모습 말고도 1년생 가지의 껍질이 넓게 벗겨지는 것도 특징이다. 이 나무의 껍질이 벗겨지는 정확한 이유는 밝혀지지 않았지만, 개인적으로 관찰하여 추정해 보았다. 먼저 쪽동백나무는 껍질 안에 있는 가지가 매끈하고 껍질과 쉽게 분리된다.

1 잎이 떨어지기 전에는 겨울눈이 보이지 않는다.
2 잎이 떨어진 후에야 모습을 나타내는 겨울눈은 세로덧눈이다.
3 누런 털에 덮여 있던 맨눈이 일어나듯 펼쳐지며 잎이 전개된다.
4 가지의 껍질이 벗겨진다.   5 새 가지 끝에서 꽃이 핀다.
6 장미색들명나방 애벌레가 말아 놓은 잎은 겨울에도 달려 있다.

그리고 봄기운이 돌기 시작하면 겨울눈은 싹을 틔우려고 모양이 커진다. 이즈음에 껍질이 터져서 벗겨지는 것을 많이 보았는데, 겨울눈이 부풀어 커지며 가지를 팽팽하게 잡아당기는 힘 때문에 껍질이 터져서 벗겨지는 것은 아닐까, 하는 것이 나의 첫 번째 추리다. 어쩌면 겨울눈을 싸고 있는 눈비늘처럼 가지를 보호하기 위한 가지비늘 같은 것은 아닐까 하는 엉뚱한 생각도 해 보았다. 3월경 껍질이 벗겨진 가지는 푸른빛이 도는 카키색이다. 맑고 선명한 붉은색이 아름다운 쪽동백나무는 관찰할 것이 참 많은 매력적인 나무다.

어떤 쪽동백나무 가지에는 돌돌 말린 마른 잎이 달려 있어 마치 긴 과자가 주렁주렁 매달려 있는 것처럼 보이기도 한다. 겨울에도 잎이 떨어지는 것을 막기 위해 가지와 잎자루를 실로 단단히 감아 놓았다. 이렇게 치밀하게 준비해 놓은 것은 바로 장미색들명나방. 이 속에서 장미색들명나방 애벌레가 월동한다. 무사히 월동을 마친 애벌레는 쪽동백나무 새순이 나오면 그 순을 먹고 성충이 된다.

매화말발도리

바위를 사랑하는 나무

매화말발도리는 바위틈이나 바위 옆에서 잘 자란다. 바위틈이라는 환경은 식물이 살아가기에 그리 좋은 장소는 아닐 텐데 왜 그런 환경을 선호하는지 모르겠다. 바위틈에서 잘 자랄 수 있는 특수한 뿌리 구조를 가지고 있어서인지, 바위 속에 있는 특별한 양분이 매화말발도리가 잘 자랄 수 있도록 돕는 역할을 해 주는지, 바위틈에 씨앗이 떨어져서 어쩔 수 없이 살아가는 상황인지 궁금하다. 하지만 거칠고 삭막한 바위틈에서 매화말발도리가 나풀거리는 듯한 하얀 꽃을 피울 때면 정말 바위와 참 잘 어울리는 한 쌍이라고 생각하게 된다.

매화말발도리의 이름은 꽃은 매화 같고, 열매의 모양이 말의 발굽에 끼우는 편자인 말발도리를 닮았다는 데에서 유래했다. 매화말발도리는 국내에만 자생하는 특산식물이다. 매화말발도리는 키 작은 떨기나무로 줄기가 회갈색이고 껍질이 벗겨진다. 1년생 가지는 갈색이고 억센 털이 빽빽이 나 있다. 겨울눈은 사각 뿔 모양으로 회색 눈비늘에 싸여 있다. 끝눈은 두 개이고, 가지 측면에 달린 곁눈은 마주났다. 실잠자리 얼굴을 닮은 잎 떨어진 흔적에는 관다발 자국이 세 개 있다.

이듬해 4월경에 두 개의 끝눈에서는 가지와 잎이 함께 나오고, 곁눈에서는 흰색 꽃이 핀다. 겨울에 1년생 가지에서 볼 수 있었던 곁눈은 생강나무와 진달래의 꽃눈처럼 크고 동그랗지는 않아도 꽃눈이었던 것이다. 곁눈에서 핀 꽃에서 만들어진 말발도리 같은 열매는 겨울에도 남아 있다.

1 가지 끝에 달린 눈은 잎눈이다. 2 겨울에도 남아 있는 열매가 보인다.
3 잎눈에서 싹이 나고 꽃눈에서 꽃이 피는 것이 매우 뚜렷하게 구분된다.
4 열악한 환경인 바위틈에서 잘 자란다.

산행이 힘들 때

나무에 눈길을 주자

깔딱고개를 오르려면 숨이 깔딱거릴 정도로 힘들기 마련이다. 그렇게 숨이 차고 힘들면 나무 공부를 하는 사람들은 잠시 멈추어 나뭇가지를 붙들고 관찰하는 척하며 쉬어 간다. 나무 공부를 하며 천천히 산을 오른다고는 하지만, 그래도 산을 오르는 것이 너무 숨차고 힘들었던 초보 시절에 많이 사용하던 방법이다. 땀을 뻘뻘 흘리며 정상만을 향해 달려가는 사람들도 산에 오르다 나무에 눈길을 주며 걸어가면 좀 더 여유롭고 풍요로운 산행이 될 것이다.

팥배나무

변신의 귀재

영봉으로 가는 능선 길에서는 진달래와 소나무, 신갈나무가 가장 많이 보이고, 열매를 달고 있는 물오리나무도 볼 수 있다. 변신의 귀재인 팥배나무는 높은 산 능선이라는 환경적 제한 요인을 이겨 내고 다부진 모양으로 자라, 멀리 보이는 도봉산 능선과 함께 풍경의 일부가 된다. 많은 사람이 왜 나무 이름이 '팥배나무'인지 궁금해한다. 이 나무의 이름은 열매와 꽃에서 단초를 찾을 수 있다. 꽃은 하얀 배나무꽃을 닮았고, 열매는 팥을 닮았기 때문이다. 팥배나무는 비옥한 토양이나 메마른 토양이나 토양을 가리지 않고 잘 자라며, 산의 높이에 무관하게 흔하게 볼 수 있다.

팥배나무의 수피는 회갈색이며 오래되면 세로로 얇게 갈라진다. 1년생 가지는 흑자색이고 껍질눈이 있다. 겨울눈은 반원 모양으로 작고, 자갈색 눈비늘에 싸여 있다. 잎 떨어진 흔적은 반원형이고 관다발 자국은 세 개다. 이듬해 3월경부터 겨울눈이 빨개지다가 벌어지면 가지와 잎이 함께 전개되고, 새 가지 끝에는 하얀색 꽃대가 달린다.

팥배나무의 줄기와 가지 사이에 사선이 있는 것을 볼 수 있다. 잎이 무성한 계절에는 잎에 가려 잘 보이지 않다가 잎이 다 떨어진 겨울에는 유난히 잘 보여 궁금해하는 사람들이 많다. 이 선은 수피융기선樹皮隆起線이라고 한다. 자작나무같이 매끈하고 하얀 줄기에서는 검은색 선이 뚜렷하게 나타나는데, 수피융기선은 일반적으로 수피가 매끈한 나무에서 잘 보인다. 수피융기선이 생기는 원인은 줄기와 가지가 굵어지면서 충돌하기 때문이다. 마치 찰흙과 찰흙을 맞대어 밀면 맞닿은

싹이 튼 팥배나무 너머로 도봉산 능선이 보인다.

1 작고 둥근 팥배나무 겨울눈.
2 겨울눈에서 잎과 줄기, 꽃차례가 함께 나온다.
3 눈썹 같은 수피융기선과 가지 떨어진 자국.

경계면이 융기되는 것처럼 일어나는 것과 비슷하다. 이 수피융기선은 가지치기를 할 때 중요한 역할을 한다고 한다. 재미있는 것은 수피융기선이 나타난 곳의 가지가 떨어져 나간 경우 꼭 외눈 같아 보인다.

팥배나무는 변신의 귀재이기도 하다. 팥배나무는 자라는 환경이나 고도에 따라 줄기와 가지의 모양이 천차만별이어서 팥배나무를 쉽게 구분하기가 어렵다. 토양이 비옥한 곳에서는 아름드리나무로 굵게 자라고, 높은 산의 정상 주변이나 능선에서는 작은 키에 구불거리는 수형으로 자란다. 그리고 같은 높이의 장소에서도 모양 차이가 많이 나고, 한 나무에서도 가지에 따라 어느 가지에서는 단지短枝가 많이 발달하고, 어느 가지에서는 장지長枝로 자라는 등 다양한 모습을 보여 준다. 그래서 팥배나무를 구별할 때 늘 어려움이 있지만, 겨울눈을 자세히 익혀 놓는다면 팥배나무 구별이 애매하다고 느낄 일이 없다.

신갈나무

능선부의 터줏대감

신갈나무의 잎은 짚신 바닥이 해지면 그 위에 깔았다고 한다. 그래서 '신 갈이 나무'라고 부르다가 신갈나무가 되었다. 신갈나무는 온대지방에서 자라는 참나무 중에서 고도가 높은 지역에도 자라는 나무로,

높은 산의 능선을 따라 걷다 보면 겨울에도 잎을 달고 있는 나무를 볼 수 있다. 고도가 낮은 지역에서는 큰키나무로 자라는데, 높은 산에서는 바람과 수분 등의 제약 요인 때문에 작은큰키나무로 자란다. 신갈나무는 흑회색의 줄기가 세로로 갈라지는 큰키나무다. 가지는 일반적으로 어긋나기로 자란다. 하지만 가지가 자란 모양을 자세히 보면 줄기를 중심으로 돌려나기를 한 듯 자라 있다. 그 모양은 겨울눈이 달린 모양과 같다. 겨울눈이 달린 모양은 1년생 가지 끝의 중앙에 하나의 겨울눈이 달리고, 그것을 중심으로 돌려나듯 여러 개의 겨울

1 가지 끝에 우뚝 솟은 오각뿔 모양의 겨울눈.
2 눈비늘이 늘어나며 수꽃차례와 가지가 함께 나온다.
3 가지 끝이나 잎겨드랑이에는 빨간색 암꽃이 핀다.
4 신갈나무 겨울눈과 잎에 서리가 내렸다. 5 참나무류는 겨울에도 잎을 달고 있다.

눈이 달린다. 그 겨울눈들에서 이듬해 봄에 돌려나듯 가지가 뻗는다. 신갈나무의 겨울눈은 강하고 단단하게 생겼다. 모양은 가지 끝에 우뚝 솟은 통통한 오각뿔 형태로, 갈색의 눈비늘이 기왓장을 쌓은 듯 포개어 싸고 있다. 잎 떨어진 흔적은 반원 모양이고 관다발 자국은 다섯 개 이상이다. 이듬해 3월 중순부터 눈비늘이 늘어나듯 벌어지면 수꽃차례와 가지가 함께 나온다. 아주 작아 잘 보이지 않는 빨간색 암꽃은 새 가지 끝이나 잎겨드랑이에 달린다.

온대지방의 나무는 대부분 가을에 낙엽을 떨어뜨리고 겨울에는 앙상한 가지만 남는다. 그러나 참나무 중에서 잎자루가 짧은 떡갈나무나 신갈나무는 겨울에도 잎을 떨어뜨리지 않고 대부분 달고 있다. 가을에 가지와 잎자루 사이에 만들어지는 떨켜가 형성되지 않았기 때문이다. 겨울에 달고 있던 잎은 봄이 되어 겨울눈이 부풀어 싹이 트기 시작할 때쯤 떨켜층이 완성되어 떨어진다. 참나무가 겨울에 잎을 떨어뜨리지 않는 이유가 마른 잎을 방패 삼아 바람과 추위로부터 겨울눈을 지키려는 전략일지도 모른다는 생각을 해 본다. 남쪽으로부터 올라온 나무들이 미처 떨켜를 만들지 못하고 성급하게 올라왔을 것이라는 사실도 이들을 이해하는 한 가지 열쇠가 될 수 있겠다.

철쭉

꽃 같은 잎

철쭉의 원래 이름은 '양척촉洋躑躅'이다. 양이 철쭉을 먹으면 비틀거리다 죽는다는 뜻이 담겨 있다. 실제로 철쭉과 산철쭉에는 독이 있어서 양이 먹지 않는다. 사람들도 진달래꽃은 따서 그냥 먹기도 하고 화전도 해 먹고 술도 담가 먹는데 철쭉꽃은 먹지 않는다.

겨울 산을 걷다 보면 철쭉과 진달래의 열매가 가지에 달려 있는 것을 볼 수 있지만, 차이점이 있다. 둘 다 갈색 열매가 갈라져 있는데, 철쭉의 열매는 살짝 갈라졌지만 모여 있고, 진달래의 열매는 많이 벌어져 있다. 그리고 철쭉은 마른 갈색 잎을 겨울에도 꽃잎처럼 달고 있다. 철쭉의 겨울눈이 가지에 달려 있는 것을 보면 철쭉의 잎들이 왜 꽃잎 모양처럼 보이는지 이해하기 쉽다. 철쭉의 겨울눈도 진달래처럼 꽃눈과 잎눈이 따로 생기는데, 잎눈은 긴 타원 모양으로 가지 끝에 여러 개가 모여 달린다. 이듬해 봄에 모여 달린 잎눈에서 겨울눈 하나에 한 장씩 잎이 돌려나며 연두색 '잎꽃'처럼 피어난다. 잎눈 중에서 잎만 나오는 것도 있지만 새 가지와 잎이 함께 전개되는 눈도 있다. 꽃눈은 눈비늘에 싸여 동그란 모양으로 가지 끝에 달려 있다. 봄이 되어 잎이 전개되는 시기에 연갈색 눈비늘이 벌어지며 서너 개의 연분홍 꽃이 핀다.

겨울눈이 달리는 1년생 가지는 연갈색 털이 있기도 하고 사라지기도 한다. 대부분의 겨울눈이 가지 끝에 달리기 때문에 가지는 비교적 매끈하다. 그렇지만 몇 개의 잎이 달렸다 떨어진 잎 떨어진 흔적은 동그란 모양으로 작고, 관다발 자국은 한 개다.

1 철쭉의 가지 끝에 모여 있는 잎눈. 2 둥그런 모양의 꽃눈.
3 철쭉의 열매는 갈라져서 조금만 벌어져 있다.
4 가지 끝의 꽃눈에서 전개되는 꽃. 5 가지 끝의 잎눈에서 전개되는 잎.

미역줄나무

왜 이런 이름이 붙었을까?

표지판에 해발 488미터라 적혀 있는 곳에서 비교적 고도가 높은 산에서 보았던 미역줄나무의 덩굴을 보았다. 미역줄나무는 숲에서 비교적 햇빛이 잘 드는 빈 공간에서 잘 자라는 나무다. 아니 산에서 웬 미역? 하는 생각에 미역줄나무의 이름의 유래가 궁금해 찾아보니 덩굴이 미역 줄기처럼 뻗었다고 하여 이런 이름이 붙었다고 한다.

미역줄나무의 작은 적갈색 가지는 각이 져 있고, 오톨도톨한 껍질눈이 발달되어 있다. 겨울눈은 세모꼴로 튀어나와 있고 눈비늘에 싸여 있다. 잎 떨어진 흔적은 반원형이며 관다발 자국은 한 개의 가는 선으로 되어 있다. 많지 않게 달린 열매는 겨울에도 세 개의 넓은 날개가 붙어 있다. 이듬해 4월경 겨울눈의 눈비늘을 뚫고 가지와 잎이 나오며, 새 가지 끝에서는 작고 흰색의 꽃이 핀다.

1 덩굴에 달린 겨울눈에서 싹이 나온다. 2 세모 모양의 겨울눈과 둥근 잎 떨어진 흔적.
3 각이 진 줄기에 오톨도톨한 껍질눈이 많다. 4 겨울에도 남아 있는 열매.

코끼리바위

바위 구경 대신 코끼리 등에 타다

코끼리 바위가 있다고 해서 찾아보았으나 코끼리를 닮은 바위는 안 보이고 코끼리보다 훨씬 더 큰 바위가 길을 막고 서 있다. 정면 돌파 밖에 답이 없었다. 일단 바위에 오르면 난간이 있어 난간을 잡고 오르면 된다. 겨울에 이곳을 간다면 난간이 몹시 차가워 미끄럼 방지와 보온을 위한 장갑이 필요할 것 같다. 힘들게 오른 바위 정상은 사방이 확 트인 훌륭한 조망처다. 북한산의 최고봉인 백운대에서 흘러내린 능선에서는 산결이 보이고, 서울 시내도 한눈에 내려다보인다. 멀리 도봉산 쪽으로는 오봉도 형체를 드러내고 있다.

주변을 한 바퀴 돌며 풍경을 감상하고, 인증사진도 찍었다. 그런데 바위를 내려가는 일이 쉽지 않았다. 3미터 정도 깎아지른 암벽을 내려가야 했다. 다행히 발을 디딜 만한 자리가 있어 겁먹지 않고, 조심히 내려갔다. 다시 오르막길을 잠깐 오르면 건강하게 자란 소나무와 인수봉이 보이고, 하루재로 내려가는 계단길이 나온다. 여기에서 오른쪽으로 걸어가듯 서 있는 소나무를 따라 올라가면 영봉이다.

영봉에 오르면 커다란 바위가 하나 있다. 사람들은 더 높은 곳에 올라가 인수봉과 마주하기 위해 그 바위에 오른다. 그 장소는 인수봉과 함께 높이를 느낄 수 있는 사진을 촬영할 수 있는 곳이라 유명하다. 나무 공부를 하며 산행을 하면 나무를 하나하나 관찰하며 걷기 때문에 산의 들머리에서만 공부하고 헤어지는 경우가 많다. 하지만 가끔 이렇게 높은 곳에 올라서 멋진 풍경을 보면 어떨까. 마음이 뻥 뚫리는 듯한 기분을 만끽할 수 있다.

영봉을 향해 걸어가듯 서 있는 소나무.

인수봉을 바라보고 있는 소나무의 모습이 멋지다.

영봉

산악인들의 영혼이 편히 쉬는 곳

많은 사람이 북한산을 사랑하는 이유 중 하나가 바로 인수봉 때문일 것이다. 인수봉은 북한산의 제2봉으로, 1억6000만년 전 화산 활동 중 마그마가 땅속에서 서서히 굳어서 생긴 화강암으로 이루어졌다. 그 이후로 서서히 융기했고 풍화작용이 일어나며 지금의 형태가 되었다. 우뚝 서 있는 인수봉에 새겨진 영겁의 시간 앞에 서면 저절로 마음이 숙연해지고 고개가 숙여진다. 인수봉의 높이는 810미터로, 화강암 암괴의 특징인 돔 형태가 완벽하게 보존되어 있다. 하지만 인수봉은 암벽 장비를 갖추지 않은 일반인은 오를 수 없다. 직접 봉우리에 오를 수는 없지만 인수봉의 뿌리부터 드러난 거대한 몸체를 가장 가까이서 볼 수 있는 곳이 있다. 바로 영봉靈峰이다.

영봉이라는 이름에는 '산악인들의 영혼이 편히 쉬는 곳'이라는 의미가 담겨 있다. 인수봉 등반 도중 숨진 산악인들의 추모비를 인수봉을 향해 세운 1980년대에 이런 이름이 붙었다고 한다. 여러 개의 추모비는 2008년 모두 철거해 도선사 부근 무당골에 모아 합동 추모비로 만들었다. 인수봉에는 오늘도 암벽 등반하는 사람들이 로프에 매달려 있다. 암벽에 빠진 사람은 바위를 타고, 나무에 빠진 사람은 주변의 나무를 관찰한다.

털개회나무

진한 향기로 피어나다

털개회나무를 떠올리면 은은하고 진한 향기가 먼저 떠오른다. 이 나무는 좋은 향기와 관련된 추억을 떠올리게 하는 매력이 있다. 나에게 털개회나무의 향기는 5월에 걸었던 도봉산 주 능선 길을 기억 속에서 소환한다. 그날도 이 나무 저 나무 기웃거리며 천천히 능선 길을 걷고 있는데 바람에 뭉쳐 날아온 향기가 코끝에 확 닿았다. 어디서 이런 좋은 향기가 날까 찾아간 곳에 바로 털개회나무가 흰색에 가까운 연한 자색으로 피어 있었다. 그날부터 털개회나무는 나에게 '향기'로 기억되는 나무가 되었다.

털개회나무는 '미스김라일락Miss Kim lilac'이라는 재배종의 원종이다. 해방 직후 미군정청에서 근무하던 원예전문가 엘윈 미더Elwin M. Meader는 도봉산에 올라갔다가 털개회나무꽃의 아름다움에 반하여, 귀국하면서 씨앗을 가져가 개량해 새로운 품종을 만들었다. 그리고 당시 같이 근무했던 타이피스트의 성을 따 '미스김라일락'이라는 이름을 붙였다고 한다. 미스김라일락은 보통 라일락에 비해 키가 훨씬 작다. 또 향기가 짙어 향기가 더 멀리 퍼져 나간다. 안타까운 것은 미스김라일락의 원종이 우리나라 것인데, 미스김라일락을 수입하려면 로열티를 지불해야 한다는 것이다.

그런 안타까운 사연이 있는 털개회나무가 영봉에서도 자라고 있다. 털개회나무는 일반적으로 고도가 높은 지역에서 자란다. 영봉에서도 해발 500미터의 높이에 가야 이 나무를 만날 수 있다. 겨울에 털개회나무를 구별하는 방법은 여러 가지가 있지만 먼저 가지 끝에 달린 열매

5월 도봉산의 털개회나무.

1 가지 끝에 달린 물방울 모양의 겨울눈.
2 부풀어 오른 겨울눈.　3 두 개의 끝눈에서 가지와 잎이 나왔다.
4 두 개의 끝눈 중 하나에서는 가지와 잎이, 다른 하나에서는 꽃대가 나왔다.

자루를 찾아서 열매껍질에 있는 오톨도톨한 돌기를 확인해 보는 것이다. 두 번째로는 가지 끝에 달린 물방울 모양의 겨울눈을 찾아보는 것이다. 겨울눈은 밝은 갈색과 짙은 갈색의 눈비늘에 싸여 있다. 겨울눈은 가지 끝에 한 개가 달리기도 하고 두 개가 달리기도 한다. 세 번째는 겨울눈 바로 아래의 가지에 파인 골과 껍질눈을 살펴보는 것이다. 털개회나무는 이듬해 4월경에 가지 끝에 달려 있던 겨울눈이 전개되는 모습이 다섯 가지 형태로 나타난다. 첫째, 가지 끝에 한 개의 겨울눈을 달고 있던 곳에서 새 가지가 잎을 달고 나오는 모습이다. 둘째, 가지 끝에 한 개의 겨울눈을 달고 있던 곳에서 꽃대가 나오는 모습이다. 셋째, 가지 끝에 두 개의 겨울눈을 달고 있던 곳에서 두 개 모두 꽃대가 생기는 모습이다. 꽃대가 생기는 경우도 겨울눈에서 싹이 나올 때는 잎이 먼저 마중하듯 나온다. 넷째, 두 개의 겨울눈 모두 가지가 되는 모습이다. 마지막으로 다섯째, 두 개의 겨울눈 중 하나는 가지가 되고 하나는 꽃대가 되는 모습이다. 꽃대에서는 5월경에 향기가 매력적인 연한 자주색 꽃이 피어난다.

개박달나무

바위의 짝꿍

바위 근처에 있을 법한 개박달나무도 찾아보았다. 개박달나무는 박달나무와 매우 비슷하지만 생긴 모양과 가공된 목재가 박달나무에 비해 훨씬 못하다고 개박달나무라 한다. 그렇지만 두 나무가 사는 곳과 환경은 전혀 다르다. 박달나무는 깊은 산속, 토양이 좋은 지역에서 자라고, 개박달나무는 주로 고도가 높은 산 능선의 암석지대에서 볼 수 있다. 그래서 우리는 이런 환경을 만나면 '있어야 할 나무'를 찾아본다.

개박달나무는 열매도 박달나무보다 더 작고 둥글다. 역시 주변을 둘러보니 묵은 열매를 달고 있는 나무가 보인다. 개박달나무는 1년생 가지가 자갈색으로, 흰색의 타원형 껍질눈이 많다. 겨울눈은 타원형으로 갈색이고 털이 없다가, 봄기운이 돌아 눈비늘이 살짝 일어나면 부드러운 하얀 털이 보인다. 수꽃차례는 맨눈으로 달려 있고, 수지樹脂가 묻어 있기도 하다.

이듬해 4월경 수꽃차례가 늘어지며 꽃가루를 날리고, 곁눈에서는 두 가지 형태의 싹이 나온다. 하나는 수꽃 가까이에 있는 곁눈에서 잎과 암꽃차례가 함께 나오는 형태이고, 다른 하나는 털이 달린 잎이 나오고 가지를 뻗는 형태다.

1 수지가 묻어 있는 겨울눈.
2 나출된 수꽃차례와 겨울눈에서 전개되는 잎과 암꽃차례.
3 겨울에도 열매 흔적이 남아 있다.

참조팝나무

참 예쁜 열매 흔적

개박달나무를 관찰하다 겨울에도 둥근 공 모양의 열매차례가 달린 나무를 보았다. 나무 공부를 할 때 새로운 모양의 나무가 눈에 들어오면 참 기쁘고 반갑다. 잽싸게 달려가서 그 나무를 관찰해 보니 참조팝나무다.

떨기나무로 자라는 참조팝나무의 가지는 자갈색으로 각이 졌다. 가지 끝은 열매자루를 달고 있고, 곁눈에는 가로덧눈이 달려 있다. 가지 끝에 열매자루가 없는 가지는 끝이 죽어 있다. 가지 끝이 죽은 것은 멈추어야 할 때 멈추지 않고 계속 자라난 무한생장의 결과다. 겨울눈에서 나온 가지가 끝눈을 만들지 않고 죽으면 이듬해에 가지 옆에 있는 곁눈에서 가지가 자라서 생장한다.

조팝나무는 익어서 벌어진 열매의 모양이 좁쌀로 지은 '조밥'처럼 생겼다고 붙여진 이름이다. '조밥나무'가 변하여 '조팝나무'가 되었는데, 참조팝나무는 조팝나무에 '참'이라는 접두어가 붙었다. 접두어 '참'은 왜 붙었을까? 참나무처럼 쓸모가 많아서? 아니면 참새처럼 흔해서? 참 궁금하다.

영봉에는 털개회나무, 개박달나무, 참조팝나무 외에도 키가 큰 팥배나무, 물푸레나무, 소나무, 신갈나무 등이 생강나무, 붉은병꽃나무, 싸리, 노간주나무, 진달래, 철쭉과 함께 어우러져 자라고 있다.

1 자갈색 가지에 곁눈이 달려 있다. 2 곁눈에서 전개된 가지와 꽃차례.
3 작년 열매자루가 싹이 나는 봄에도 보인다. 4 가지 끝의 열매차례.
5 좁쌀 같은 열매.

하산하는 길

스틱과 함께

보고 싶었던 나무를 찾아보고 내려오는 발걸음은 언제나 가볍다. 영봉에서 조금 내려오면 바위를 가로질러 뿌리를 뻗은 소나무가 보인다. 양분을 찾아 길을 떠나는 뿌리의 고단함이 느껴진다. 사람들이 소나무 뿌리를 밟아서 반질반질해졌는데, 우리가 조금만 더 신경을 써서 뿌리를 밟지 않고 다녔으면 좋겠다. 나무 공부를 위한 산행을 할 때는 하산할 때 '공부 모드'에서 빠져나와야 한다. 가파른 길을 내려가며 나무 공부를 하겠다고 두리번거리다가 사고가 날 수도 있으니, 예방을 위해서다. 그래서 카메라와 도감 등 손에 들었던 물건들은 가방 안에 넣고, 늘 챙겨 다니는 스틱을 꺼낸다.

바위를 가로지른 소나무의 뿌리.

인수봉

그 신비한 얼굴

하루재에서 백운대 방향으로 보이는 인수봉은 영봉에서 바라보았던 형상과는 또 다른 모습이다. 수천수만 년의 시간 동안 한자리를 지켜 온 무생물인 바위와 100년의 시간도 살기 어려운 우리가 끊을 수 없 는 순환의 관계 속에서 살고 있다고 말해 주는 인자한 바위 할아버 지의 얼굴 같기도 하고, 다른 각도에서 보면 큰 날개를 휘날리며 하 늘로 날아오르려는 새의 형상 같기도 하다. 이 길을 지나다니는 다른 사람들은 인수봉을 바라보며 어떤 생각을 하는지 궁금하다.

겨울나무 공부

무거운 발걸음, 가벼운 마음

육모정 길로 오르는 영봉코스는 거리가 길지 않다. 하지만 604미터까지 올라가야 하니 가쁜 숨을 몰아 쉬어야 하는 가파른 구간도 짧게 있다. 그런 구간을 오르며 힘들었던 기억은 발아래로 펼쳐지는 멋진 풍광을 감상하는 순간 모두 잊게 된다. 영봉은 거대한 화강암 암괴인 인수봉의 몸통 전체를 정면에서 바라볼 수 있는 최고의 코스다.

오늘은 높은 산을 오르며 다양한 나무의 겨울 모습을 바라보고, 귀한 털개회나무를 관찰할 수 있어 좋았다. 하지만 더 좋았던 것은 추운 날씨를 함께 견디며 즐겁게 공부하는 사람들과 함께 보낸 시간이다. 내년 5월에도 그들과 함께 연한 자색으로 피어 있는 털개회나무 꽃의 향기와 어우러진 인수봉을 바라보며 평생 잊지 못할 추억을 만들 것이다. 오래된 친구 같은 사람들과 따뜻한 차 한잔 나누어 마시며, 같은 것을 함께 바라보고, 아름다운 풍경에 취해 보는 즐거움이 있는 겨울나무 공부. 이보다 더 좋을 수는 없다.

여섯 번째 시간

만남의 숲

북한산 '산결'을
따라 걷다

'산결'을 만드는 겨울나무

눈이 살짝 내린 다음 날에는 높은 산에 가 보아야 한다. 나무가 만든 '산결'이 흰색의 눈과 대비를 이루어 선명한 실루엣을 보여 주기 때문이다. 능선을 따라 유유히 흐르기도 하고 아래를 향해 급하게 달려가는 듯한 '산결'은 겨울 산만이 보여 줄 수 있는 특별한 선물이다. 그 선물 감사 받으며 '산결'을 이루는 겨울나무를 만나기 위해 북한산 주 능선 길을 걸었다. 이 길은 북한산성의 성곽길을 따라 난 평탄한 길이라 걷기 좋고, 탁 트인 곳을 조망할 수 있는 곳이 나타날 때마다 보이는 풍경 앞에서 감탄하게 되는 멋진 길이다.

회나무

창槍 같은 겨울눈

북한산 주 능선에 오르는 길은 다양하지만, 정릉탐방지원센터에서 삼봉사, 영취사를 지나 대성문으로 오르는 길이 가장 시간이 짧게 걸린다. 능선 길로 들어서는 대성문 바로 앞에는 뾰족한 겨울눈을 달고 있는 나무가 서 있다. 그 모양새가 마치 성문을 지키는 병사가 들고 있는 창같이 생겼다.

매끈한 나무의 줄기는 회색이고, 1년생 어린 가지는 녹갈색이다. 곁눈의 배열, 즉 가지 뻗음은 마주나기다. 겨울눈은 1센티미터 정도의 뾰족한 모양이고, 여러 장의 눈비늘로 싸여 있다. 잎 떨어진 흔적은 반달 모양이고, 관다발 자국은 한 개다. 관찰을 토대로 동정을 하니 회나무다. 이듬해 4월경에 뾰족한 눈비늘이 연한 핑크색으로 쭉 늘어나며 초록색 새 가지에 반짝이는 잎을 달고 나올 것이다.

회나무 종류에는 참회나무, 회나무, 나래회나무가 있다. 이 나무들은 겨울눈의 뾰족한 모양이 비슷해 겨울에는 구별하기 어렵다. 다만 참회나무는 비교적 낮은 지역에서 사는 반면 회나무는 높은 지역에 살고, 나래회나무는 깊은 산중에서도 높은 곳에서 자란다. 정확한 구분 기준 중의 하나가 열매의 생김새다. 참회나무의 둥근 열매는 익으면 껍질이 다섯 갈래로 갈라진다. 회나무의 둥근 열매는 다섯 개의 날개가 있으며, 익으면 껍질이 다섯 개로 갈라진다. 그리고 나래회나무 열매는 네 개의 작은 날개가 달려 있고, 날개 끝은 바람개비 모양으로 휘어져 있다. 뾰족한 모양의 겨울눈도 유난히 크다.

창 같은 겨울눈과 겨울눈에서 싹이 난 모양.

산사나무

대성문 안을 지킨다

뾰족한 창 같은 겨울눈을 가진 회나무가 대성문 밖을 지키고 있다면, 성문 안쪽에는 날카로운 가시로 무장한 산사나무가 겨울 찬바람에 맞서며 길목을 감시하고 있다.

산사나무를 구분하는 특징은 독특한 모양의 잎과 열매, 그리고 가시다. 겨울에는 당연히 잎도 열매도 없기 때문에 가시에서 실마리를 찾아야 한다. 1년생 황갈색 가지에 제법 크고 날카로운 가시가 돋아 있는데, 이는 가지가 변한 경침莖針으로 가시 밑부분에 겨울눈이 생기는 것을 볼 수 있다.

산사나무의 회갈색 수피는 불규칙한 조각으로 갈라지고 곁눈 배열은 어긋나기다. 잎 떨어진 흔적은 초승달 모양이고, 관다발 자국은 세 개다. 자갈색 눈비늘에 싸여 있는 작은 반구형 겨울눈은 이듬해 3월경에 초록 싹을 내고, 4월경에는 눈비늘이 자줏빛 갈색으로 진해지면서 뒤집어지듯 벌어지며 초록색 새 가지와 잎이 나온다. 흰색 꽃은 새 가지 끝에 핀다.

산사자山査子라고도 하는 산사나무의 열매는 그냥 먹기도 했지만 주로 약으로 이용했다. 먹을 것이 부족했던 옛날에는 군영에서 병사들이 빨간 산사나무 열매를 간식거리로 따 먹었을 것 같다. 산사나무 주변에는 버드나무, 참빗살나무, 고로쇠나무, 물오리나무, 산벚나무, 물푸레나무, 회나무, 화살나무, 진달래, 당단풍나무, 신갈나무, 노린재나무, 생강나무가 함께 살아가고 있다.

1 황갈색 가지에 작은 반구형 겨울눈이 달려 있다.
2 가지 옆 단지에서 싹이 나고 있다.   3 4월경 초록색 가지와 잎이 나온다.

광대싸리

불꽃 터지듯 뻗는 가지

팡팡! 불꽃놀이를 할 때 폭죽이 터지는 모양으로 가는 가지를 사방으로 뻗고 있는 나무가 보였다. 나뭇가지가 광대처럼 싸리를 흉내 냈다 하여 '광대싸리'라는 이름이 붙은 나무다. 싸리를 흉내 냈다는 의미는 싸리같이 보여도 집안이 다르다는 뜻이 숨어 있다. 우리가 흔히 알고 있는 싸리는 콩과지만, 광대싸리는 대극과로 족보가 아예 다르다. 과거 우리나라 중남부에서는 주로 대나무를 화살대의 재료로 이용했지만, 추운 지방에서는 대나무가 자라지 않아 싸리 혹은 광대싸리를 주로 이용했다고 한다. 볼품없어 보여도 옛날에는 군수물자로 귀하게 대접받았던 나무다. 전시 외에는 싸리처럼 땔감으로도 사용했다고 하니, 여러모로 유용한 나무였을 것이다. 당시 이 같은 용도로 일부러 심었는지도 모를 일이다.

광대싸리는 회갈색 수피가 오래되면 세로로 갈라지는 떨기나무다. 자갈색 어린 가지는 약간 각이 져 있다. 잎은 어긋나고 가지 끝은 말라 죽는다. 겨울눈은 자갈색 눈비늘에 싸인 달걀 모양으로 가지에 딱 달라붙어 있다. 잎 떨어진 흔적은 반원형이고, 관다발 자국은 한 개로 가는 선 모양이다. 가로덧눈이 발달하여 잔가지 뻗음이 많다.

1 동그란 광대싸리의 열매.
2 가지에 붙은 잎겨드랑이 사이에서 꽃이 피려고 한다.
3 불꽃이 터지듯 가지를 뻗는다.

털개회나무

자연이 만든 향수

숲은 우리의 오감을 자극한다. 숲에 들어서면 오감이 열린다. 나무 관찰에는 시각이 가장 많이 동원되지만 청각과 촉각, 때로는 미각과 후각이 필요할 때도 있다. 아까시나무꽃이 흐드러지게 필 때면 우리는 나무를 보지 않아도 바람에 실려 온 향기로 아까시나무의 존재를 알 수 있다. 누리장나무는 스치면 특유의 냄새를 내뿜으며, 노랗게 물든 계수나무의 단풍잎은 달콤한 향기로 우리를 유혹한다.

인간은 후각 능력이 매우 떨어져 진한 향기 외에는 냄새를 맡지 못하지만, 나무끼리는 늘 냄새로 소통한다. 향기로 대화하고 있는 것이다. 인간이 식물이 내뿜는 냄새에 담긴 뜻을 해석할 수 있다면 자연을 이해하는 데 큰 도움이 될 텐데, 하고 생각한 적이 많다.

북한산 하면 가장 먼저 떠오르는 나무가 털개회나무다. 털개회나무꽃이 피는 5월이면 성벽 길을 걷는 사람들은 코를 저절로 벌름거리게 된다. 털개회나무꽃에서 피어나는 진한 향기를 맡기 위해서다. '그래 거기에서 잘 살고 있어라. 내가 5월에 꼭 다시 와서 너의 향기를 맡아 줄게.' 마음속으로 다짐하고 다시 걸음을 재촉한다.

털개회나무의 꽃이 향기를 뿜으며 피어 있다.

짝자래나무

가시 달고 보초 서는 나무

조금 걷다 보니 콩처럼 생긴 검은 열매가 달린 떨기나무가 보였다. 가지 끝에 가시도 있다. 대성문 안쪽에서 만난 산사나무의 가시는 가지 옆에 달리지만, 이 나무의 가시는 가지 끝에 있고 더 단단하고 강한 느낌이다. 윤기 나는 회백색 1년생 가지에 달린 번데기 모양의 단지 끝에 있는 겨울눈의 모양도 다소 뾰족하다. 바로 짝자래나무다.

짝자래나무는 숲의 낮은 지역보다 조금 높은 능선에서 많이 만날 수 있다. 짝자래나무의 겨울눈에서는 이듬해 4월 중순에 털이 많은 초록색 가지와 잎맥이 연한 보랏빛을 띤 보드라운 잎이 함께 나온다. 꽃은 새로 나온 가지 아래쪽의 잎겨드랑이에 핀다.

1 겨울에도 남아 있는 짝자래나무 단지에 달린 검은 열매.
2 윤기 나는 회백색 줄기와 가시 같은 가지.
3 4월 중순 겨울눈에서 싹이 전개된다.

마가목

말馬의 이꾸를 닮은 새싹

가지에 붙은 눈에 절대적으로 의지해 나무를 구분해야 하는 겨울에 한 번이라도 자세히 겨울눈을 바라본 경험이 있다면 독특한 특징 때문에 쉽게 잊히지 않는 나무들이 있다. 독특한 모양의 겨울눈을 가진 마가목도 이런 나무에 속한다.

마가목의 이름은 봄에 새싹이 말의 이꾸처럼 힘차게 솟아오르는 모양을 보고 일제강점기의 식물학자 정태현 선생이 마아목馬牙木이라 한 것에서 유래했다고 한다. 그러고 보니 겨울눈에서 싹이 나는 모양이 말이 이를 드러내고 '히히힝' 하며 우는 모양을 닮았다.

말 이야기가 나와서 하는 말인데, 가지 끝에 달린 긴 타원형 검붉은색 겨울눈이 어쩐지 거칠어 보이고 힘깨나 쓸 것 같은 느낌이다. 이듬해 4월경에 겨울눈을 싸고 있던 눈비늘이 붉은색으로 벌어지고 그 안에서 회오리처럼 말린 잎이 몸을 비틀며 나온다.

겨울눈뿐만 아니라 마가목은 계절마다 독특한 모양새를 나타내 굳이 애쓰지 않아도 기억하기가 쉽다. 작은 톱니가 촘촘한 겹잎이 그렇고, 늦봄에 피어나 초여름까지 이어지는 우산 모양의 하얀색 꽃도 인상적이며, 가을에는 잎사귀만큼이나 많은 숫자의 빨간 열매를 주렁주렁 달아 이국적인 풍경을 연출한다. 그래서 멀리 떨어져 있어도 한눈에 마가목을 알아볼 수 있다.

겨울눈이 붉어지며 벌어지고 잎이 나온다.

산벚나무

산성의 봄맞이

꽃피는 봄이면 고향 산골은 울긋불긋 꽃동네가 된다. 사람들은 고향 산을 물들이는 꽃 중 진달래는 쉬이 떠올리면서도 산벚나무는 얼른 기억해 내지 못한다. 봄에 고향 집 앞과 뒷산을 화사하게 치장하는 일등공신은 사실 산벚나무다. 산에 흔한 벚나무라는 뜻을 지닌 산벚나무는 이른 봄에 꽃이 먼저 피는 왕벚나무와 달리 잎과 꽃이 같이 핀다.

산벚나무는 회갈색 수피에 가로로 터진 껍질눈이 발달한 큰키나무다. 어린 가지는 회갈색이나 적갈색이고 껍질눈이 많다. 적갈색 눈비늘에 싸여 있는 겨울눈은 긴 달걀 모양으로 끝이 뾰족하다. 겨울눈 아래에 약간 튀어나와 있는 잎 떨어진 흔적은 초승달 모양이고, 관다발 자국은 세 개다.

이듬해 3월 말경에 잎눈에서는 새 가지와 잎이 나오고, 꽃눈에서는 연분홍빛이 도는 흰색 꽃이 피기 시작한다. 산벚나무의 하얀 꽃과 복사나무의 분홍색 꽃이 피면 그 옛날 전장의 병사들은 고향을 생각하며 1년 농사 준비를 해야 한다는 생각에 이미 마음은 고향 집을 향해 달려 내려가고 있지 않았을까?

적갈색 긴 달걀 모양의 겨울눈에서 잎과 꽃이 나온다.

상록수 대 낙엽수

각자의 방식으로 겨울나기

대성문에서 출발한 길은 전형적인 산성길이다. 특히 보국문까지는 힘든 오르막길보다 오히려 가파른 내리막길로 되어 있다. 거꾸로 올라온다면 몹시 힘든 코스지만 내리막길은 미끄러움만 조심하면 된다. 가파른 내리막길을 내려와서 잠시 숨을 고르며 뒤를 돌아보면 아주 재미있는 풍광이 펼쳐진다. 성곽길을 중심으로 왼쪽으로는 초록색의 소나무가, 오른쪽으로는 회백색의 낙엽수가 네 편, 내 편, 편 가르기라도 한 듯 자라 있다. 숲이 온통 초록으로 뒤덮인 다른 계절에는 볼 수 없는, 겨울 산행에서만 만날 수 있는 풍경이다.

겨울은 늘 푸른 소나무가 돋보이는 계절이다. 잎이 지는 나무들은 조직이 연한 잎들을 떨어뜨리고 떨켜를 만들어 양분의 이동통로를 차단해 겨울을 나기 위한 대비를 한다. 하지만 소나무는 겨울에도 푸른 잎을 달고 있다. 낙엽수나 소나무는 각자의 특성에 맞게 나름대로 추운 겨울을 살아갈 방법을 찾은 것이다. 소나무도 겨울을 나기가 쉽지만은 않겠지만 소나무 잎들은 서서히 겨울에 적응하도록 자신을 변화시켰다. 잎에 지방질을 많이 만들어 에너지를 저장했다가 겨울에 조금씩 사용하는데, 이 지방질은 외부의 추위를 이겨 낼 수 있게 해 준다. 또한 공기가 드나드는 기공 주변에 두꺼운 세포벽과 왁스 층을 만들어 효과적인 열과 물의 관리가 가능하다. 상록수는 상록수대로 낙엽수는 낙엽수대로 환경에 적응하며 자기만의 방식으로 어려움을 극복해 찬란한 새봄을 맞이한다. 우리는 이런 모습에서 희망을 본다.

겨울에는 침엽수림과 활엽수림이 뚜렷이 구분되지만, 봄에 잎이 나면 구분하기 어렵다.

노박덩굴

성벽 안을 살피는 정탐꾼

내려왔던 길에서 다시 오르막길을 오르면 치성 위에 낮게 쌓은 담처럼 성 밖으로 튀어 나간 장소의 중앙에 큰 바위 하나가 자리 잡고 있다. 등산객들은 그 바위에 올라가서 주변의 경치를 살피고, 높은 곳에서 아래를 내려다보며 사진도 찍는데, 사진 찍는 사람들의 포즈가 제각각 달라 재미있다. 이런 광경을 호기심에 가득 찬 시선으로 바라보는 나무가 있다. 성벽 밖의 비탈에서 덩굴을 뻗고 성벽 너머까지 키를 높인 노박덩굴이다.

길의 가장자리를 나타내는 우리말 중 '길섶'이라는 말이 있다. 옛 문헌에는 길섶을 '노방路傍'이라 했다. 그래서 길가에서 잘 자라는 덩굴나무, 즉 '노방의 덩굴'이 변하여 노박덩굴이 되었다. 햇빛을 좋아하는 덩굴나무라 길 쪽으로 가지가 잘 뻗어 나오기 때문에 산길에서 흔히 만날 수 있고, 가을에 달린 콩알만 한 주홍색 열매가 겨울에도 남아 있어 눈길을 사로잡는다.

노박덩굴은 겨울에 주홍색 열매로도 알아볼 수 있지만, 반원 모양으로 살짝 패어 있는 잎 떨어진 자국과 그 위에 자갈색 눈비늘에 싸여 있는 작고 둥근 겨울눈을 보고도 알 수 있다. 이듬해 4월에 눈비늘이 늘어나듯 벌어지면 그 속에서 새 가지가 나온다.

겨울 숲에서 노박덩굴을 포함한 덩굴나무들은 가끔 우리를 혼동시킨다. 어느 해 겨울 산행 때 했던 경험이다. 산행 중 여태 보지 못한 나무 한 그루가 눈에 들어왔다. 키가 크고 굵은 나무의 줄기에 세로 골이 진 아까시나무였는데, 나무 꼭대기 근처에 둥근 열매가 달려 있

4월경에 겨울눈에서 싹이 나온다.

1 겨울에 더 돋보이는 노박덩굴의 주홍색 열매.
2 성벽 너머에서 자라고 있는 노박덩굴에 눈이 쌓였다.

어 참 이상하다 싶었다. 무슨 나무인지 확인하기 위해 한참 쳐다보다 줄기를 따라 시선을 이동하니 아까시나무 옆에서 자라던 노박덩굴 고목이 아까시나무의 줄기를 타고 올라가 부족한 햇빛을 받고 자라고 있었다.

울릉도의 숲에서도 큰키나무를 타고 올라간 등수국에 깜빡 속은 적이 있다. 낙엽이 진 나무에 듬성듬성 초록 나뭇잎이 붙어 있어 '울릉도는 섬이니까 겨울에 저렇게 자라는 나무도 있나 보다' 그랬는데, 자세히 관찰해 보니 등수국 줄기가 다른 나무를 감고 올라간 흔적이었다. 이렇듯 다래, 등수국, 노박덩굴, 미역줄나무 같은 덩굴나무가 주변의 나무를 감고 자라기 때문에 겨울눈으로 나무를 구별하는 것이 가장 정확한 나무 구별법이다.

졸참나무

나라 지키는 데 졸병이면 어떠하리

아직 키가 작은 졸참나무가 등산로 옆에서 자라고 있었다. 흔히 졸참나무를 참나무 중 도토리가 가장 작다고 '졸병나무'라는 별명으로 부르기도 한다. 졸참나무의 이름에서 '졸'은 작은 것을 이를 때 쓰는 말로, 졸참나무는 참나뭇과 나무 중 가장 작은 도토리 열매를 만들고, 1년생 가지 또한 가장 가늘다. 하지만 자란 후에는 다른 참나무 못지않게 굵고 크게 자란다. 졸참나무가 말을 할 수 있다면 "나라 지키는 데 졸병이면 어떻고 대장이면 어떤가. 또 예로부터 비록 도토리 중 열매는 제일 작지만 맛은 최고라 평가 받았다"고 반론을 제기할 것 같다. 졸참나무 줄기는 회갈색이고 세로로 갈라진다. 1년생 가지는 밝은 회색으로 비교적 가늘다. 곁눈 배열은 어긋나기지만, 가지 끝의 끝눈은 꽃다발처럼 뭉쳐서 나 있다. 이 겨울눈들이 이듬해 모두 싹이 나면 가지 뻗은 모양이 마치 우산살처럼 뻗어 자랄 것이다. 겨울눈은 밝은 갈색 눈비늘이 차곡차곡 싸고 있는 긴 달걀 모양이다. 겨울눈을 싸고 있는 눈비늘의 가장자리에는 흰 털이 있다. 잎 떨어진 흔적은 반원 모양이고, 관다발 자국은 많으며 불규칙하게 배열되어 있다.

졸참나무는 이듬해 4월경에 갈색 눈비늘이 한 장 한 장 늘어나듯 벌어지면서 동글동글한 수꽃이 달린 원통 모양의 수꽃차례와 흰색 털이 뒤덮인 비단 같은 분홍빛 좁은 잎이 고개를 숙이고 나온다. 졸참나무의 싹이 나오는 모습을 한 번이라도 보게 된다면 그 보드랍고 앙증맞은 모습을 결코 잊지 못할 것이다.

1 뭉쳐나기처럼 달리는 겨울눈.
2 겨울눈에서 가지와 잎, 그리고 수꽃차례가 함께 전개된다.
3 겨울눈에서 고운 분홍색 작은 잎이 나온다.
4 시간이 지나면 분홍색 잎이 초록색으로 바뀐다.

자유생장과 고정생장

―――――――
1년 동안 나무가 성장하는 방식

1년 동안 나무가 생장하는 방식은 자유생장과 고정생장, 두 종류가 있다. 자유생장을 하는 나무는 지난해에 만든 겨울눈 속에 미리 만들어 놓은 원기가 봄에 가지를 뻗어 잎을 만들고, 곧이어 새로 만들어진 원기가 여름에 가지를 뻗고 잎을 만든다. 봄에 만든 잎은 춘엽春葉이라 하고, 춘엽 이후에 만들어진 잎을 하엽夏葉이라 한다. 춘엽이 겨울눈 속에 모아 두었던 원기로 잎을 틔웠다면 하엽은 춘엽이 키운 것이다. 자유생장을 하는 나무는 지난해의 날씨와 환경 조건 때문에 작은 겨울눈이 만들어진다 해도 올해 첫 번째 가지의 생장에만 영향을 미치고, 여름에 만들어지는 가지의 생장은 지난해 날씨와 환경 조건과는 무관하다. 오히려 올해 여름의 날씨와 환경에 영향을 더 받는다. 자유생장을 하는 나무는 가을 늦게까지 생장이 이루어지는 것이 특징이며, 그래서 나무의 생장 속도가 빠르다.

고정생장을 하는 나무는 겨울눈에서 뻗어 자랄 원기가 지난해에 만들어진 겨울눈 속에 미리 만들어져 있다가 봄에 가지를 뻗는다. 이렇게 성장하는 나무는 지난해 겨울눈이 만들어질 당시의 날씨와 환경에 따라 올해의 가지 뻗음이 달라진다. 고정생장은 잣나무, 소나무, 참나무류에서 볼 수 있지만 졸참나무는 자유생장을 하는 모습이 나타나기도 한다. 이렇게 고정생장을 하는 나무들은 가지의 뻗음을 보고 나무의 나이를 가늠하기도 한다.

1 자유생장하는 층층나무의 겨울눈.
2 고정생장하는 신갈나무의 겨울눈.

겨울 숲의 노래

바람 소리도 가지각색

겨울에도 잎을 달고 있는 나무는 많지 않다. 간혹 나무의 건강 상태가 안 좋아 잎을 못 떨어뜨린 나무와 겨울 맞을 준비를 미처 마치지 못했을 때 갑자기 닥친 추위 때문에 잎을 떨어뜨리지 못하고 얼어붙은 나뭇잎이 있다. 당단풍나무와 참나무류는 가을에 분리 층을 만들지 않아 겨울에도 잎을 달고 있다.

늘 푸른 침엽수인 소나무는 잎을 떨어뜨리지 않을까? 그렇지 않다. 소나무도 낙엽이 진다. 소나무 줄기 아래를 보면 누렇게 바랜 잎들이 수북하게 쌓여 있다. 다만 푸른색 새잎이 달려 있을 때 지난해의 누런 잎을 떨어뜨려 늘 푸른 잎으로 겨울을 나는 것처럼 보인다.

겨울에 잎을 달고 있는 나무 이야기를 꺼낸 이유는 겨울 바람 소리를 이야기하고 싶어서다. 바람 부는 겨울, 산길을 걸으면 나무에 따라 들려오는 바람 소리가 다르다. 계곡을 흐르는 물소리가 계곡을 이루는 바위의 크기와 낙차, 물길이 휜 정도에 따라 다르듯 휑한 나뭇가지 사이를 자유롭게 지나다니는 겨울 바람 소리 또한 숲마다 다르고 바람이 지나는 길목에 어떤 나무가 서 있냐에 따라 미묘하게 다르다.

'차라락 사라락' 참나무류가 있는 곳에서는 바람이 겨우내 달고 있는 잎에 부딪혀 떨림 소리가 나는 반면, 소나무를 스치는 바람 소리는 가늘고 날카롭다. 그리고 겨울 바람에 나무들끼리 부딪히면 삐걱거리며 기괴한 소리를 내기도 한다. 겨울 숲을 걸을 때 바람에 실려 오는 숲속의 소리를 들어보라. 한결 깊은 산행의 맛을 느낄 수 있을 것이다.

참나무잎과 소나무잎에 부딪치는 바람 소리는 다르다.

산딸나무

최고의 개성파 나무

성벽 길 담 너머에는 키가 크게 자란 물푸레나무와 신갈나무, 팔배나무, 산딸나무 등이 자라고 있다. 그중 산딸나무는 마치 적진의 지형을 탐색하는 임무를 수행하는 척후병처럼 가지를 성벽 넘어 산성 안으로 뻗었다. 일반적으로 산딸나무는 산 아랫부분의 계곡이나 산기슭이 주 서식처인데, 고도가 높은 곳에서도 잘 자라는 걸 보니 환경 적응력이 강한 나무인 것 같다.

눈치 빠른 사람은 나무에 관한 지식이 없어도 산딸나무라는 이름에서 어떤 과일을 떠올릴 것이다. 산딸나무는 꽃과 열매가 특이하다. 가을에 빨갛게 익는 동그란 모양의 열매는 여러 개의 암술이 붙어서 만들어진 집합과集合果, 즉 우리가 잘 아는 딸기와 같은 통열매를 달고 있다. 이 열매 모양 때문에 '딸기와 닮은 열매가 달리고, 산에서 자라는 나무'라는 의미로 산딸나무라는 이름이 붙었다. 열매도 개성이 넘치지만 꽃은 더욱 특이하다. 네 장의 꽃잎이 마주보기로 피는 것 같은데, 꽃잎처럼 보이는 것은 하얀 총포다. 실제로는 중심에 20~30개의 작은 꽃이 모여 있지만 꽃보다 총포가 더 꽃처럼 보이니 산딸나무의 재주가 놀랍다. 5월경에 십자 모양으로 피는 총포는 산성을 하얗게 비출 것이다.

산딸나무는 열매와 꽃 외에도 수피, 가지 끝의 뻗음, 그리고 겨울눈과 만나는 지점의 가지의 색깔도 특이하다. 수피는 흑회색으로 얼룩덜룩해 보이고 오래되면 조각조각 불규칙하게 떨어진다. 줄기에 비해 1년생 가지는 회갈색으로 매끈하고 껍질눈이 발달한다. 가지 끝에는

1 꽃보다 더 꽃 같은 총포.
2 막 돋아난 잎은 나비 떼가 나뭇가지에 앉아 있는 모습을 연상시킨다.

3 가지가 길쭉한 닭발 모양으로 뻗는다.
4 가지 끝이 겨울눈 색과 같은 흑자주색이다.
5 눈비늘이 양쪽으로 벌어지며 잎이 나온다.

하나의 가지를 중심으로 서너 개의 가지가 돌려나듯 뻗어 있는데, 그 모양이 마치 길쭉한 닭발 모양이다. 그리고 겨울눈 바로 아래, 겨울눈과 가지가 만나는 지점의 잎 떨어진 자국 밑부분의 5밀리미터 정도가 겨울눈과 같은 색인 흑자주색이다.

겨울눈에서 이듬해 3월경에 두 장의 눈비늘이 양쪽으로 벌어지며 두 장의 잎이 함께 나온다. 이 잎이 좀 더 커지는 4월경의 잎 모양은 마치 날개를 편 나비가 나뭇가지 끝에 앉아서 쉬는 모양이다. 산딸나무는 수피, 꽃, 열매, 잎, 가지 뻗는 모양과 가지 끝의 색깔, 모두 범상치 않아 최고의 '개성파 나무'로 불러도 될 듯하다.

자주조희풀

산성을 지키다가 백전노장이 된 나무

병조희풀, 된장풀, 골담초, 낭아초. 이름에 '풀'이 들어간 대표적인 나무들이다. 떨기나무인 이들은 이름뿐만 아니라 실제 모습도 풀을 닮았다. 괜히 이런 이름으로 불리는 것이 아니다. 국화과 관목인 더위지기는 '인진쑥'으로 더 알려져 있어 나무 공부하는 사람들 중에서도 나무인지 모르는 경우가 많다. 이름만으로 어떤 나무인지 짐작되는 경우도 있지만, 이런 나무는 이름만으로는 가늠하기 어렵다.

산성 담장 옆에서 가지 끝이 백발노인의 머리카락처럼 어지럽게 엉켜 있고, 들깨 크기만 한 열매가 매달려 있는 모습의 식물을 보았다. 줄기가 나무처럼 곧게 서 있지 못하고 초본처럼 말라 죽은 자주조희풀이다. 이미 씨를 다 날린 것과 아직도 씨를 달고 있는 몇 그루가 보인다. 이미 말라 버렸건만 차마 가지에서 떨어지지 못하고 하얀 수염 같은 털을 달고 있는 씨앗에서 마치 숱한 전쟁을 치른 백전노장의 모습이 연상된다.

자주조희풀의 줄기는 회색이고, 어린 가지는 연한 갈색이다. 곁눈의 배열은 마주나고, 겨울에 가지 끝은 말라 죽는다. 겨울눈은 달걀 모양이고 하얀 털에 덮여 있다. 가지를 둘러싸듯 마주났던 잎자루는 잘린 듯 떨어진다. 이듬해 4월 말에 두 손을 다소곳이 모은 것 같은 잎이 흰 털을 뒤집어쓰고 나온다.

1 들깨만 한 크기의 씨앗이 달려 있다.
2 죽은 가지 아랫부분에 마주나기로 달려 있는 겨울눈.
3 4월경에 싹이 나온다.

눈 오는 날의 산행

겨울 숲에서 만난 눈雪과 눈芽

겨울 산행 중 눈을 만나는 건 엄청난 행운이다. 주 능선 길을 걷다 보니 눈이 내리기 시작했다. 보드랍고 포슬포슬한 눈송이가 날려 가지에 남아 있던 참나무와 당단풍나무의 잎은 물론이고 물오리나무, 아까시나무, 덜꿩나무, 산초나무 등의 열매와 겨울눈에도 내려앉았다. 뭉쳐 있는 소나무의 잎 위에도 하얀 눈이 소복이 쌓였다. 함박눈은 순식간에 따뜻한 솜이불 같은 모습으로 숲을 덮었다.

눈이 계속 내리자 숲에서 눈안개가 피어나 주변 풍경을 모두 감추어 버렸고 하늘부터 바닥까지 온통 하얗다. 쏟아지는 눈을 보고 있자니 몽롱한 게 꿈속인 것 같다. 몽환적인 분위기를 만든 숲에서 체온 유지에 집중하며 걷기를 재촉한다. 다양한 날씨는 음식의 소금과 같아서 산행의 맛을 더해 준다는 글이 생각났다. 겨울 숲에서 겨울눈冬芽을 보다 '눈雪'을 만나는 일은 별미를 맛보는 것과 같다.

1 덜꿩나무의 열매. 2 신갈나무의 겨울눈.
3 물오리나무의 암·수꽃차례. 4 진달래의 열매.
5 물푸레나무의 겨울눈. 6 생강나무의 겨울눈.

눈 오는 날 북한산 주 능선 길을 걷는 행운을 누렸다.

327

참빗살나무

반달 모양 잎 떨어진 흔적

참빗살나무. 이름이 참 예쁘다. 잎이 뜨거운 햇살에 잘 견딘다고 해서 빛살에 강한 '빛살나무'인데, 높이 10여 미터에 줄기가 굵게 자라는 큰 나무라서 '진짜 빛살나무'라는 뜻의 참빛살나무가 되었다가 부르기 쉽게 참빗살나무가 된 것이라고 한다.

겨울에 참빗살나무를 알아보는 방법은 먼저 겨울눈을 찾아보는 것이다. 가지에 마주난 겨울눈은 긴 달걀 모양으로 자주색 눈비늘에 싸여 있다. 다음으로 잎 떨어진 흔적을 찾아보는 것이다. 잎 떨어진 흔적은 하얀 반달 모양으로, 멀리서 봐도 알아볼 정도로 밝게 빛난다. 그 속에 있는 관다발 자국은 한 개의 짧은 곡선으로 보인다. 관다발 자국이 한 개의 선으로 보이는 것은 노박덩굴과의 나무에서 보이는 특징이다. 그리고 참빗살나무는 회갈색 수피가 세로로 갈라지고, 어린 가지는 자갈색 또는 녹색으로 둥글지만 가끔 각이 져 있는 모양도 있다. 이듬해 3월경에 눈비늘이 벌어지면서 초록색 새 가지가 나온다.

1 자주색 겨울눈과 반달 모양의 잎 떨어진 흔적.
2 3월경에 겨울눈에서 싹이 나서 자란다.
3 겨울에도 달려 있는 참빗살나무의 빨간 열매.

고로쇠나무

수액 채취는 멈추어야 한다

고로쇠나무는 우리나라 어디서든 흔하게 만날 수 있는 나무다. 다섯 갈래로 갈라진 손바닥 모양의 개성 있는 나뭇잎 때문에 쉽게 알아볼 수 있다. 줄기는 회갈색이고 오래되면 세로로 얇게 갈라지는 큰키나무다. 어린 가지는 껍질눈이 있으며, 검회색 눈비늘에 싸여 있는 겨울눈은 작고 동그란 모양이다. 곁눈의 배열은 마주났고, 잎 떨어진 흔적은 V자 모양이며, 관다발은 세 개다. 고로쇠나무는 단풍나무 종류 중에서 가장 굵고 크게 자란다. 이듬해 4월경에 눈비늘이 길게 늘어지며 벌어지면 초록색의 새 가지와 마주나기로 달린 손바닥 모양의 잎이 나온다. 그 작은 겨울눈 속에 어떻게 저렇게 큰 잎을 품고 있었는지 놀라울 뿐이다.

고로쇠나무와 관련해서는 신라 말의 승려이자 풍수지리의 대가로 고려 건국에 큰 공헌을 한 도선국사의 일화가 유명하다. 도선국사는 오랫동안 좌선하다가 일어서려는데 무릎이 펴지지 않아 당황했다. 엉겁결에 옆에 있던 가지를 붙잡고 일어났지만 가지가 부러지며 주저앉았다. 황망함에 부러진 가지를 바라보다 마침 부러진 나뭇가지에 물이 맺혀 있는 걸 보고 이를 받아 마시고 일어났더니 무릎이 쭉 펴졌다고 한다. 이 나무에서 나오는 물이 '뼈에 이롭다'는 의미로 나무 이름을 골리수骨利樹라 부르다가 고로쇠나무가 되었다고 한다.

도선국사의 일화 때문에 고로쇠나무는 이름을 얻었지만 수난도 당한다. 봄철이면 몸에 좋다는 고로쇠나무의 수액을 인간에게 고스란히 수탈당해야 하기 때문이다. 한때 고로쇠 수액이 유행하던 시절, 전국

1 나무는 크지만 겨울눈은 작다.
2 4월경 겨울눈에서 싹이 나서 자란다.

3 이른 봄, 나무의 수액이 흘러나와 줄기가 젖어 있다.
4 동박새가 수액을 먹고 있다. ⓒ이석각

산하의 고로쇠나무들은 인간의 탐욕 때문에 가지에 구멍이 뚫린 채 호스가 꼽혀 강제로 비닐봉지에 수액을 토해 내야 했다.

수액이 흐른다는 것은 나무가 생명 활동을 시작했다는 신호다. 얼었던 땅과 물이 녹아 물이 생기면 겨우내 극한의 삶을 살던 나무가 생명의 활동을 시작한다. 그 시작은 뿌리가 토양으로부터 물을 흡수하는 것부터 시작된다. 뿌리가 삼투압으로 수분을 흡수하면 근압이 생겨서 수액을 밀어 올린다. 수액은 봄철에 잎이 나오기 전까지만 흐르고 중단된다. 그때 줄기에 상처를 내면 줄기를 타고 올라가던 수액이 밖으로 흘러나온다.

이른 봄 숲을 걷다 보면 나무의 수액이 흘러나와 줄기가 젖어 있는 것을 볼 수 있다. 특히 단풍나무 줄기에서 볼 수 있는데, 가로로 대여섯 개쯤 동그랗게 쪼아 놓은 모양이다. 그것은 수액을 먹기 위해 청서가 이로 긁었거나 딱따구리가 부리로 쪼아서 만든 흔적이다. 그곳에 동박새와 곤줄박이 같은 작은 새들이 찾아와 수액을 먹는 모습도 볼 수 있다. 새들은 그렇다 치더라도 사람들은 수액 채취를 위해 구멍을 뚫으면 안 된다. 왜냐하면 그 구멍으로 빗물이 들어가 줄기 밑동을 썩게 할 수 있기 때문이다.

귀룽나무

일찍 자고 일찍 일어난다

길옆에 잔가지가 축축 늘어져 있는 나무가 몇 그루 보였다. 마치 수양버들 줄기가 늘어져 있는 것 같았다. 하지만 가지런하게 늘어진 수양버들 줄기 같지 않고 잔가지들이 지저분하게 얼기설기 얽혀 늘어져 있다. 또 아름드리 교목에 수피는 검회색으로 불규칙하게 갈라져 있다. 계곡 주변에서 잘 자란다는 귀룽나무다.

귀룽나무의 1년생 가지는 회갈색으로, 흰 점 같은 껍질눈이 발달해 있다. 겨울눈은 가늘고 뾰족한 달걀 모양으로 눈비늘에 싸여 있고, 끝이 유난히 뾰족하다. 귀룽나무는 봄에 다른 나무에 비해 가장 먼저 잎이 나오는데, 이른 봄이면 회색빛 계곡에 가장 먼저 초록 잎으로 활기를 채워 줄 귀룽나무의 활약을 기대하게 된다. 다른 나무들이 초록 싹을 틔울 때쯤 은은한 향기가 퍼지는 귀룽나무의 하얀색 꽃이 숲을 환하게 밝힐 것을 생각하니 벌써부터 마음이 행복해진다. 귀룽나무는 초봄에 가장 먼저 새순을 내는 반면 가을에 가장 일찍 낙엽을 떨어뜨린다.

1 이른 봄 가장 먼저 초록색 싹을 내민다.
2 끝이 유난히 뾰족한 겨울눈. 3 이른 봄부터 싹이 나온다.
4 은은한 향기나 나는 꽃.

잔가지가 얼기설기 얽혀 늘어져 있는 귀룽나무.

중국굴피나무와 네군도단풍

북한산장터 주변의 아름드리나무

대동문에서 편안한 흙길을 따라 1킬로미터 정도 가면 용암사지터와 북한산장터가 나온다. 북한산장터 주변에는 아름드리나무들이 자라고 있다. 그중 중국굴피나무는 원산지가 중국으로, 중부 이남이나 남부 지역에서 자라는 굴피나무와 같은 가래나무과지만 속屬이 다르다. 굴피나무는 굴피나무속이고 중국굴피나무는 개굴피나무속이다. 중국굴피나무의 줄기는 회갈색이고 세로로 갈라진다. 1년생 가지는 황갈색이고 약간의 털이 있다. 곁눈의 배열은 어긋나기이며, 겨울눈은 밝은 갈색의 털이 덮인 맨눈이다. 잎 떨어진 자국은 동물의 얼굴 모양이고, 관다발 자국은 세 개이며, 세로덧눈이 발달되어 있다.

중국굴피나무 옆에는 북아메리카가 원산지인 네군도단풍이 20미터 이상의 키를 키운 고목으로 자라고 있다. 이렇게 크게 자란 나무들은 수피로 나무를 구별하기에는 어려움이 있어 나무 주변에 어린나무가 있는지 살펴보고, 나무줄기나 뿌리에서 자란 맹아지의 겨울눈을 찾아서 확인하면 좋다. 그런 가지마저 못 찾으면 나뭇잎이나 다른 흔적을 찾아서 어떤 나무인지 짐작만 하고 봄이 오길 기다렸다가 나무에 달린 잎이나 꽃으로 구별해야 한다.

1 중국굴피나무의 맨눈. 2 키가 큰 중국굴피나무.
3 네군도단풍의 겨울눈. 4 초록 잎이 난 네군도단풍의 가지. 작년 열매의 모습도 보인다.

인수봉과 만경대

북한산 주 능선 길의 백미

동장대에서 내려가는 성벽 길에서 시야가 잠시 트이면 가는 길 왼쪽으로 노적봉이 보이고 멀리 인수봉과 만경대의 암괴가 거대하게 드러

나는 곳이 있다. 이 멋진 풍경은 성벽에 붙어 있는 길을 따라 내려와야 잘 보이고, 북한산장터를 지나오면 이런 거대한 암괴의 풍경은 덜 보인다.

이곳 주변의 성벽 안과 밖으로 키 큰 물푸레나무, 신갈나무, 소나무, 회나무가 보인다. 성벽 따라 조금 내려가면 성벽 밖의 담장에서 자라는 털개회나무가 있다. 담장에 뿌리를 박고 자라는데도 건강하게 잘 자라고 있다.

물푸레나무

왕관 모양의 겨울눈

물푸레나무는 '물을 푸르게 하는 나무'라는 뜻이 담겨 있다. 실제로 가지의 껍질을 벗겨 맑은 물에 담그면 연한 푸른 물이 우러난다. 《동의보감》에는 껍질을 물에 우려 눈을 씻으면 정기를 보호하고 눈을 밝게 한다고 기록되어 있다. 또한 껍질을 삶은 물로 먹을 갈아 먹물을 만들기도 했다고 전해진다.

물푸레나무의 줄기는 흑회색이지만 가끔 흰 얼룩이 있는 줄기도 있다. 어린 가지는 회갈색으로 껍질눈이 있다. 겨울눈은 회갈색 털에 뒤덮인 왕관 모양이다. 왕관 모양의 끝눈에 비해 작은 곁눈은 둥근 모양으로, 마주나기로 배열되어 있다. 잎 떨어진 흔적은 위가 약간 들어간 둥근 모양이고, 관다발 자국도 둥근 모양으로 많다.

이듬해 4월 중순 즈음에 회갈색 겨울눈이 막대사탕처럼 부풀어 오르다가 벌어지면 갈색 털에 싸인 턱잎이 나온다. 겨울눈을 꽁꽁 싸고 있던 그 턱잎까지 벌어져야 비로소 꽃과 잎이 함께 터지듯 나온다. 겨울눈의 모양이 큼직하니 특이하게 생겼고, 잎 떨어진 모양도 확실히 구별되어 쉽게 알아볼 수 있는 물푸레나무는 고도의 영향 없이 낮은 지역이나 높은 지역이나 가리지 않고 잘 자란다.

1 왕관 모양의 겨울눈과 싹이 트는 모습.
2 눈비늘과 턱잎이 벌어지면 잎과 꽃차례가 함께 나온다.

까막딱따구리

검은 망토를 입고

"뚜루루루룩, 뚜루룩." 용암문 방향으로 걸어가는데 온 산을 깨우는 청아한 드럼 소리가 들린다. 연주자는 딱따구리다. 흔히 보이는 청딱따구리나 오색딱따구리가 영역을 표시하는 소리겠지 하고 대수롭지 않게 생각했는데 그 드러머는 새까만 망토에 빨간 모자를 쓴 까막딱따구리 수컷이었다.

검은 망토와 빨간 모자를 본 순간 기쁨에 숨 쉬는 것도 까먹을 정도였다. 까막딱따구리는 큰 몸을 지탱하려고 꼬리를 줄기에 딱 붙이고 발로 나무를 잡고 오르락내리락하다가 옆으로 돌며 먹이를 찾는 활동을 하고 있었다. 혹시 주변에 암컷도 있었으면 좋겠다는 생각으로 살펴보았지만 귀한 까막딱따구리가 그렇게 쉽게 모습을 보여 줄 리가 없다. 한동안 숨죽이고 까막딱따구리의 행동을 보고 있다가 숲속 저 멀리로 날아가는 것을 보고 발걸음을 옮길 수 있었다. 까막딱따구리는 우리나라의 텃새로 천연기념물 제242호로 보호하고 있다. 북한산에 까막딱따구리가 살고 있다는 이야기는 들었지만 실제로 본 것은 처음이었다.

겨울은 애벌레와 곤충이 사라지고 씨앗과 열매가 다 떨어져 먹을 것도 부족하고 춥기까지 해 새들에게는 고난의 계절이다. 하지만 새를 좋아하거나 숲을 찾는 사람들에게는 겨울이 더없이 좋은 계절이다. 나뭇잎이 다 떨어져 숲속 멀리까지 시야가 확보되어 새들을 잘 볼 수 있기 때문이다. 쌍안경 하나 들고 새들의 행동을 자세히 살펴보면 새들의 표정과 몸짓이 얼마나 사랑스러운지 알 수 있다. 그리고 새들도

1 까막딱따구리 수컷이 먹이를 찾고 있다.
2 까막딱따구리 암컷.
3 양진이 수컷. ⓒ이석각

사람 사는 모습과 다르지 않음을 알 수 있다. 눈이 많이 내려 먹이를 찾기 힘든 날이나 날이 너무 추워 산속의 물이 얼었을 때는 들깨와 땅콩 같은 견과류와 물을 준비해 주면 그들이 혹독한 겨울을 이겨내는데 도움이 될 것이다.

까막딱따구리의 행동을 한참 동안 바라보고 걸어가자니 이번에는 양진이 무리가 우르르 몰려다니며 먹이 활동을 하고 있는 모습이 보였다. 겨울 철새인 양진이는 무리를 지어 다니며 씨앗이나 겨울눈冬芽을 먹는다. 장밋빛으로 물든 양진이를 한 번이라도 본 사람이라면 그 새를 평생 잊지 못할 것이다.

용암문 옆에는 키가 크고 굵게 자란 회잎나무가 빨간 열매를 달고 있다. 사람들이 없는 시간이면 회잎나무는 새들의 식당으로 바뀔 것이다. 용암문 밖으로는 도선사로 내려가는 길이 있다. 용암문부터는 용암봉의 허리께를 휘감아 도는 길이다. 오르막 내리막을 넘나들며 너덜 길이 이어진다. 왼쪽 경사면에는 당단풍나무가 많이 자라고 있어 가을이면 단풍으로 붉게 물든 북한산을 감상할 수 있다.

당단풍나무

겨울에도 잎을 달고 있는 나무

가을 단풍이 예쁘고 겨울에도 붉은 잎을 달고 있는 당단풍나무는 주로 계곡 주변에서 많이 볼 수 있지만, 숲속에서는 큰키나무 아래에서도 잘 자란다. 당단풍나무는 빛이 적은 곳에서도 잘 자라는 음수다. 양수와 음수는 햇빛을 좋아하는 정도에 따라 나누는 것이 아니라 그늘에서 견딜 수 있는 내음성의 정도에 따라 구분한다. 음수도 햇빛을 많이 받는 장소에서는 더 크게 잘 자란다.

당단풍나무의 줄기는 회갈색으로 수피가 비교적 매끈하고, 어린 가지도 적갈색이나 녹갈색으로 매끈하다. 단풍나무과 나무들이 모두 마주나기인 것처럼 당단풍나무의 겨울눈도 마주나기 배열로 있다가 마주나기로 가지를 뻗는다. 가지는 겨울눈에서 싹이 터 자라기 때문에 겨울에 겨울눈의 배열을 보면 이듬해 가지가 어떤 배열로 전개되어

4월경 겨울눈에서 주름 잡힌 잎이 나온다.

가지를 뻗을지 알 수 있다. 가지 끝에 달린 끝눈도 두 개씩 달리는데, 겨울에도 잎자루에 싸여 있어 아주 조금만 보인다. 간혹 잎이 떨어진 겨울눈은 빨간 눈비늘에 싸여 있고, 눈 아랫부분에는 흰 털이 있다. 잎 떨어진 흔적은 초승달 모양이고 관다발 자국은 세 개다.

이듬해 3월 말경 겨울눈이 길게 늘어날 때쯤, 겨울 동안 달려 있던 잎이 떨어진다. 그리고 4월경에 눈비늘이 벌어지며 잎자루를 모두 감쌀 정도로 길쭉한 빨간색 턱잎과 함께 흰 털이 수두룩한 두 장의 잎이 고개를 숙이고 나온다. 연이어 두 장의 잎 사이로 붉은 꽃이 피는 꽃차례가 나온다. 당단풍나무는 겨울눈에서 전개되는 모든 잎이 고개를 숙이고 나오는데 왜 그런 모습을 하고 있는지 궁금하다. 혹시 수두룩하게 뒤덮인 털 때문이 아닌가 생각해 본다.

당단풍나무를 비롯하여 겨울눈에서 갓 나오는 가지와 잎에는 털이 많이 달린 것을 볼 수 있다. 이 털은 강한 빛을 반사하여 어린잎을 보호하고 열熱이나 물의 지나친 소실을 방지하는 역할을 하기도 한다. 그리고 털은 곤충이 잎 위에서 걷거나 잎을 씹어 먹는 것을 어렵게 만들고, 잎을 뜯어 먹는 동물들로부터 스스로를 보호할 수 있게 한다. 털은 작고 여린 잎에게 무겁게 느껴질 수도 있지만 없어서는 안 될 소중한 보호 조직이다.

시닥나무

꽁꽁 언 볼처럼 빨간 겨울눈

바윗길을 걷다가 마지막 돌계단을 오르면 왼쪽에 거대한 암괴로 형성된 노적봉이 솟아 있다. 노적봉은 이곳에서는 거대함을 잘 느낄 수 없고, 오른쪽으로 걸어가서 만경대 쪽에서 바라보아야 암괴의 어마어마한 존재감을 실감할 수 있다. 잠시 쉬면서 물을 마시는데 빨간 가지들이 보였다. 산앵도나무와 시닥나무다.

시닥나무는 우리나라가 원산지이며, 제주도를 제외한 높은 산의 꼭대기와 산허리에서 자라는 단풍나무의 한 종류다. 북한산에서는 해발 550미터 이상에서 보인다. 시닥나무의 1년생 가지는 붉은 자색으로 매끈하기 때문에 눈에 확 들어온다. 겨울눈은 쌀알처럼 생겼고, 붉은색 눈비늘로 싸여 있다. 겨울눈에는 눈자루가 있는데, 이 겨울눈은 가지 끝에는 한 개, 가지 측면에서는 마주나기로 달린다. 시닥나무의 줄기에는 하얀색 가로 선이 선명한데, 겨울눈을 감싸고 있던 눈비늘이 떨어진 흔적이다.

4월 말경에 다시 찾은 시닥나무에서는 붉은색 눈비늘이 벌어져 그 안에서 붉은빛이 도는 분홍색 턱잎이 주걱 모양으로 길게 나와 있었다. 어떤 턱잎은 주걱 모양 턱잎이 동글게 말려져 있기도 하다. 그 턱잎 사이로 두 장의 잎이 나와 있는데, 잎자루에는 긴 흰색 털이 엉켜 붙어 있다. 어떤 가지에는 두 장의 잎자루 사이에 꽃대가 나와 있기도 하다.

1 시닥나무의 붉은색 겨울눈.
2 4월경 겨울눈에서 주름 잡힌 잎이 나온다.
3 황록색 꽃이 피었다.

산앵도나무

카멜레온같이 색이 변하는 나무

산앵도나무는 새빨간 열매가 앵두를 닮았고, 자라는 곳이 산속이기 때문에 산앵도나무라고 한다. 산앵도나무는 수피가 회색인 떨기나무로 북한산에서는 50센티미터 이내로 작게 자란 것이 보인다. 겨울 동안 어린 가지는 대부분 적자색을 띠지만 간혹 푸른색 가지도 만날 수 있다. 겨울눈의 배열은 어긋나기다. 겨울눈은 긴 횃불 모양으로, 두 장의 자주색 눈비늘에 싸여 있으며, 가지에 착 달라붙어 있다. 잎 떨어진 흔적은 초승달 모양인데, 잘 보이지는 않는다.

산앵도나무의 가지와 겨울눈의 색은 빛의 강약과 온도, 감정의 변화에 따라 몸의 색이 바뀌는 카멜레온을 닮았다. 한겨울에는 적자색을 띠다가 온도가 올라 가지와 겨울눈에 물이 오르는 4월경이 되면 초록색으로 색깔이 변한다. 그렇게 색이 변한 눈비늘이 벌어지고 그 안에서 분홍빛 턱잎에 싸여 있던 가지와 잎이 함께 나온다. 산앵도나무를 한 계절만 관찰한다면 다른 나무라고 오인하기 쉽다. 산앵도나무는 한반도 고유종으로 비교적 해발 고도가 높은 곳에서 자라고, 북한산에서는 해발 500미터 이상에서 드물게 발견된다.

1 붉은색 햇불 모양의 겨울눈.
2 4월경의 가지와 겨울눈은 초록색으로 변하며 싹을 낸다.

백운대

거대한 알몸을 드러내다

시닥나무를 보고 오른쪽으로 발길을 돌려 바윗길을 걸으면 만경대 허리를 도는 길이 나온다. 이곳에서 바라보는 풍경은 그야말로 산성 주 능선의 백미로, 북한산 풍경의 진수라 할 만하다. 왼쪽으로는 흘러내리는 듯한 노적봉의 암괴가 서 있고, 쇠로 된 난간 밖으로는 천길만길의 낭떠러지가 이어진다. 수직 암벽이 소름이 돋을 정도로 내리꽂혀 있다. 염초봉과 원효봉을 잇는 능선도 도도하게 흐르며, 산성 계곡도 아래로 쭉 뻗어 있다. 멀리 남쪽으로 험준한 의상봉 능선의 봉우리들도 보인다.

북한산의 최정상 백운대는 거대한 알몸을 드러내고 양팔을 벌리고 서 있다. 백운대를 올려다보는 순간 히말라야 트레킹을 하다 보았던 세계 3대 미봉 중 하나인 아마다블람이 내 눈앞에 나타났나 하는 착각이 들었다. 저런 거대한 형상을 만들기 위해 자연은 얼마나 많은 손길로 백운대를 깎고 다듬고 어루만졌을까? 그리고 우리 눈에 보이는 몸통 이외에 보이지 않는 몸의 뿌리는 얼마나 더 깊고 웅장할까? 벌어졌던 입을 다물 수 없었다.

화강암 바윗길에서는 이곳에서만 볼 수 있는 웅장한 풍경에 취해 나무들이 눈에 들어오지 않는다. 정신을 차리고 주변을 일별하니 개박달나무의 열매자루가 달려 있는 것이 보이고 물푸레나무, 팥배나무, 털개회나무, 시닥나무도 눈에 들어온다.

위문을 통과하면 왼쪽으로 백운대 정상으로 향하는 길이 이어진다. 어디서 씨앗이 날아왔는지 어린 개살구나무가 보이고 회나무, 고로쇠나

1 염초봉과 원효봉.
2 흘러내리는 듯한 노적봉의 암괴.

무, 물푸레나무, 매화말발도리, 크게 자란 참빗살나무도 보인다. 위문에서 숨은 벽 쪽으로 가는 길에는 가지에 오톨도톨한 돌기가 나 있는 회목나무도 한자리 차지하고 있다. 회목나무까지 관찰하고 백운대 정상은 다음 기회에 여유 있게 오르기로 마음먹으며 백운탐방지원센터 방향으로 발걸음을 돌렸다.

북한산 주 능선을 따라 걷는 길은 낮은 지역에서는 볼 수 없는 짝자래나무, 털개회나무, 마가목, 산앵도나무, 시닥나무, 회목나무, 자주조희풀을 관찰할 수 있어 의미가 있다. 그리고 고도가 높은 능선 길에서 만나는 나무들은 대부분 키가 작고, 키가 큰 나무일지라도 능선이라는 환경 여건 때문에 키가 작게 자라고 있어서 나무를 관찰하기에 수월하다. 그리고 눈을 들어 앞을 볼 때마다 펼쳐지는 웅장한 암괴와 어우러진 비경은 높은 산에 올라야만 볼 수 있다. 우리가 걸어 온 길을 따라 만들어졌을 '산결'은 소나무와 낙엽수 들이 만든 다양한 모양과 폭의 선으로 그려졌을 것이다.

일곱 번째 시간

겨울눈,
바람과 만나
봄이 되다

겨울눈을 깨우는
바람

이른 봄, 깊은 잠을 자던 나무를 깨우는 것은 바람이다. 그 바람은 겨우내 불던 북풍과는 달라서 방향성이 없다. 동서남북에서 불어오는 바람은 각자 자기의 리듬에 맞추어 춤을 추자고 청하지만, 나무는 힘이 센 바람에 맞추어 몸을 흔든다. 그 모습은 마치 '헤드 뱅잉'을 하듯 머리를 흔들며 추는 춤과 같다. 가지가 가늘어 날렵한 몸을 한 나무는 격하게 흔들리고, 굵은 나무는 넘어질세라 조심스럽게 머리만 끄떡이며 춤을 춘다. 춤이란 내부의 힘을 끌어올리는 일이다. 나무는 이때 신명 나게 춤을 주며 몽롱한 겨울잠에서 깨어나 뿌리를 깊게 뻗는다.

땅속으로 뻗은 뿌리에 봄기운이 들면 뿌리는 대지의 물을 길어 올린다. 물은 줄기 속을 박차고 올라가 이제나저제나 기다리고 있던 겨울눈에 가 닿는다. 물 한 모금 축인 겨울눈은 본격적으로 잎을 펼칠 준비를 한다. 이때 바람은 겨울눈을 흔들어 깨운다. 눈을 감싸고 있던 눈비늘은 빵빵하게 부풀어 오른 몸을 감당하지 못하고 다양한 색으로 치장하고 생기를 머금는다.

적당한 온도와 습도, 따뜻한 볕살이 온몸을 데우면 이제 나가도 될 시간이다. 아기가 엄마 배를 박차고 나오듯, 겨울눈도 튕겨 나가려 온 힘을 모은다. 그 기운에 눈비늘은 벌어지고, 갈라지고, 늘어나며 아기 잎이 나갈 길을 열어 준다. 그러나 아직도 걱정스러운 턱잎이 그들을 감싸고 나가는 길을 막는다. 주변을 한 번 더 살핀 턱잎은 '이제 나가도 안전할 것 같아'라는 확신이 들 때, 막고 있던 길을 열어 준다. 그제야 아기 잎은 깊은숨을 들이마시고 자기를 깨워 준 바람과 마주한다.

아기 잎이 세상에 나온 모양은 좁은 엄마 뱃속에서 살다가 갓 세상에 나온 아기 얼굴과 흡사하게 쭈글쭈글 못생겼다. 하지만 그 모습은 곧 팽팽해지면서 앙증맞은 모습으로 변한다. 그러나 아직 바람은 차다. 겨울눈을 간질이며 빨리 깨어나라고 재촉했던 바람은 이제 남풍을 몰고 와서 따뜻함으로 어린잎을 감싸며 키운다. 아기 잎이 태어남과 동시에 메마른 줄기 속으로 올라와 겨울눈에게 생명을 준 물은 더 이상 올라오지 않는다. 이제 어린잎에게 그 임무를 맡기면, 어린잎은 바람의 힘을 이용하여 물을 끌어 올리며 한 해를 살 준비를 한다.

꽃눈이
먼저 깨어나다

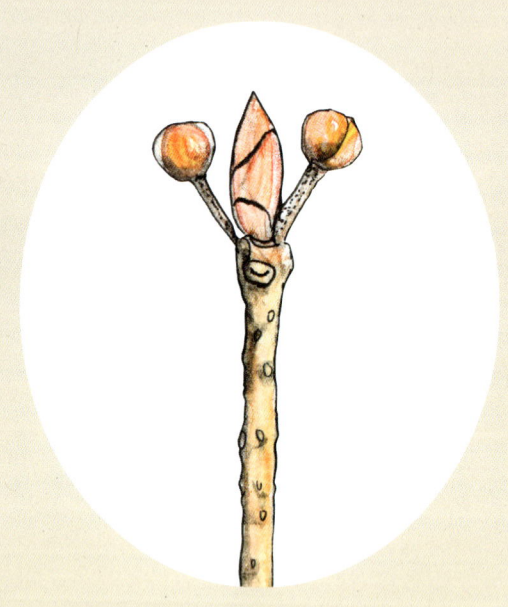

생강나무

사랑이 충만한 가족

생강나무 꽃눈은 가족이 잠자고 있는 새벽에 깨어났는데도 울지 않고 혼자 꼼지락대고 있는 기특한 아기 같다. 회색으로 잠들어 있는 숲에서 노랑 솜뭉치 같은 꽃송이가 여기서 반짝, 저기서 반짝, 소리 없이 불을 밝힌다. 생강나무꽃이 불을 밝히면 생강나무의 잎이 뽀얀 솜털을 뒤집어쓰고 기지개를 켜며 깨워 주어서 고맙다고 사랑의 하트를 '뿅뿅' 날리며 일어난다. 뒤따라 나오는 잎은 산 모양으로 듬직하다. 사랑이 충만한 생강나무 가족이다.

진달래

봄날의 꽃잔치

진달래는 꽃이 먼저 핀다. 보리쌀 같은 꽃눈이 한번 펑 터지면 진분홍색 꽃봉오리가 되고, 다시 한 번 더 터지면 분홍색 꽃잎이 펼쳐진다. 화려한 꽃잎은 중매쟁이 곤충을 부르느라 공을 들이고, 혼기에 찬 암술과 수술은 중매쟁이의 간택이 간절하다. 이때 잎눈이 깨어나서 물과 음식을 만들며 집안을 거든다. 곧 결혼식이 진행되고 가문을 이을 씨앗 아기가 태어날 것이다. 진달래 집안의 경사다.

개암나무

꽃이 나올까? 잎이 나올까?

개암나무의 겨울눈은 두 가지 모양이다. 하나는 원기둥 모양의 수꽃 눈으로 겨울 동안 달고 있다가 이른 봄에 꽃가루를 날리고 이내 시든다. 다른 하나는 동그란 물방울 모양으로 생긴 눈이다. 물방울 모양으로 생긴 눈에서는 두 가지 형태로 싹이 난다. 하나는 이른 봄 붉은 실 같은 암술대가 나오고, 다른 하나는 끈적이는 붉은색 샘털이 달린 가지와 잎이 나온다. 개암나무는 왜 끈적이는 샘털을 만들었을까? 생각해 보면 이른 봄 즙을 빨아 먹는 진딧물에 대처하기 위해서가 아닐까.

까치박달

주름치마 같은 잎

까치박달은 4월 초에 수꽃차례를 길게 늘어뜨린다. 겨울눈은 유난히 길고 뾰족한 모양 하나뿐이지만 어떤 겨울눈에서는 수꽃차례가 나오고, 어떤 것에서는 잎과 함께 가지가 나온다. 잎과 함께 나오는 새 가지 끝에는 암꽃차례가 달린다. 까치박달의 잎은 주름치마처럼 접혀 있다. 주름은 음수의 특징인 얇은 잎이 처지는 것을 방지하기 위함이다.

물오리나무

겨울눈도 가지가지

물오리나무의 겨울눈은 수꽃눈, 암꽃눈, 잎눈의 모양이 모두 다르다. 봄이 되면 원기둥 모양으로 길쭉한 수꽃눈이 길게 늘어지며 노란색 꽃가루를 날린다. 수꽃눈 위에 달려 있던 가는 암꽃눈은 붉게 벌어지며 수꽃가루를 받아 열매를 만든다. 그리고 성냥개비의 머리 같은 자주색 동그란 잎눈에서는 잎과 가지가 나와 나무를 키운다. 겨울눈의 대부분은 가지로부터 떨어지지 않기 위해 온갖 노력을 아끼지 않는데, 물오리나무의 잎눈은 무슨 자신감인지 눈자루 위에 우뚝 서 있다.

맨눈에서
잎을 그대로 펼치다

가래나무

낙타 타고 가래?

가래나무의 가지에서는 낙타 얼굴을 볼 수 있다. 두 귀를 쫑긋 세운 맨눈과 낙타 얼굴 같은 잎 떨어진 흔적, 그리고 관다발 자국 역시 낙타의 눈과 코 모양을 꼭 닮았다. 가지 끝에 달린 맨눈은 누런 털을 뒤집어쓴 채 겨울을 난다. 그리고 봄이 되면 그대로 벌어져서 겹잎이 되고 가지가 나온다. 새 가지 끝에는 암꽃대가 생기고, 가지의 측면에 있던 곁눈에서는 수꽃이 나와 주렁주렁 달린다. 올 한해도 낙타처럼, 모진 날씨에도 잘 버텨 낼 것을 믿는다.

소태나무

겹친 두 잎을 풀어내다

소태나무의 겨울눈은 눈비늘이 싸고 있지 않은 맨눈이다. 맨눈의 모양은 가장자리에 있는 두 장의 작은 잎을 밀착시켜 안 쪽에 있는 잎들을 포개어 감싼 형태다. 추운 겨울, 매서운 한파 때문에 냉기가 들어올까, 남아 있는 온기가 새어나갈까 완벽하게 대비한 모양이다. 따스한 봄이 오면 밀착하여 감싸고 있던 잎이 스르르 풀어지며 온전한 겹잎 모양으로 펼쳐진다. 펼쳐진 잎은 어려움을 극복한 자신을 대견하게 여기는 듯 스스로 빛난다.

쪽동백나무

우애로 똘똘 뭉친 형제자매처럼

누런 외투를 걸치고 겨울 추위 앞에 당당히 서 있는 쪽동백나무의 겨울눈. 곁눈과 곁눈 아래 덧눈이 우애로 똘똘 뭉친 형제자매 같다. 곁눈 맏이는 동생들을 대표하여 집안을 일으키려 굳은 의지를 품고 있고, 동생인 덧눈은 맏이에게 문제가 생기면 맏이를 대신해 집안을 이어 가려 준비한다. 모진 추위를 이겨 낸 겨울눈은 누런 외투를 활짝 펼치며 가지를 뻗고, 꽃을 피워 대를 이어 번창한다.

턱잎을
다시 보다

시닥나무

여학생 앞머리의 '구루프'처럼

낭창낭창한 빨간 가지에 빨간 겨울눈을 달고 있는 시닥나무. 봄이 되어 겨울눈이 벌어지면 진분홍색 턱잎이 길게 나온다. 시간이 지나면 턱잎은 등교하는 여학생의 앞머리에 대롱대롱 매달려 있는 '구루프' 모양으로 말린다. 말린 턱잎 사이에서는 두 장의 잎이 털에 싸여 나와 펼쳐진다. '구루프' 모양의 턱잎 속에서 거미 한 마리가 조용히 휴식하고 있다. 턱잎의 재발견이다.

고로쇠나무

작게 만들어 크게 키운다

고로쇠나무는 줄기가 굵고 키가 아주 크게 자라는 나무다. 그러나 큰 덩치에 비해 겨울눈은 콩알보다도 작게 만들어 놓았다. 고로쇠나무의 전략은 '작게 만들어 크게 키운다'인 것 같다. 4월경 고로쇠나무의 작은 눈비늘이 벌어지면, 턱잎이 잎자루만큼 늘어난다. 그 모양이 마치 꽃다발을 감싼 포장지 같다. 시간이 지나 턱잎이 벌어지면 붉은색 가지와 잎이 나온다. 잎자루를 감싸고 있던 턱잎은 잎들이 어느 정도 자라면 이제 자기 소임을 다했다는 듯 탈락한다.

당단풍나무

고개를 숙이며 살며시

봄이 되면 빨갛던 당단풍나무의 겨울눈이 벌어진다. 그때 겨울눈 속에 있던 빨간 턱잎도 덩달아 늘어나며 갈라진다. 그 사이로 하얀 솜털을 뒤집어쓴 잎과 빨간 꽃대가 함께 나오는데, 털을 뒤집어쓴 잎은 봄빛이 따가운지 고개를 푹 숙인 모습이다. 고개 숙인 잎은 따가운 빛에 대항할 자신감이 생긴 후에야 비로소 하늘을 향해 고개를 든다. 고개를 든 잎은 앙증맞게 피어난 꽃을 성숙시킨다.

목련

구겨진 연애편지를 다시 펴듯

밤사이 쓴 연애편지를 고이 접어 두었다가, 다음날 읽어 보고 휴지통에 버린 적이 있을 것이다. 그래도 미련이 남아 다시 주워든 연애편지는 왜 그렇게도 꼬깃꼬깃 구겨져 있는지. 목련의 아기 잎도 누군가 버린 연애편지처럼 구겨져 있다. 겨울 동안 잎눈을 싸고 있던 털로 싸인 눈비늘이 연한 갈색으로 바뀌어 갈라지면 구겨져 있던 초록색 잎이 보인다. 그 잎은 가운데 맥을 중심으로 반으로 접혀 있고, 또 다시 지그재그로 접혀 있다. 갈팡질팡하는 마음처럼.

일본목련

우아하게 펼치다

일본목련의 잎이 나오는 모습은 단정하고 우아하다. 길고 매끈한 눈비늘 한 장이 벌어지면 그 안에 연한 살구색 턱잎이 잎을 싸고 있다. 턱잎 안의 잎은 목련 잎이 전개될 때와 같이 주맥을 중심으로 반으로 접혀 있지만, 잎이 꼬깃꼬깃 접혀 있지 않고 잎 모양 그대로 반으로 포개져 있다. 일본목련의 잎은 가지 끝에서 돌려나기 한 듯 뭉쳐 나오는데, 겨울눈 속에 저렇게 크고 많은 잎을 어떻게 담고 있었는지 놀랍기만 하다.

찰피나무

강낭콩처럼 부풀어 오르는 겨울눈

4월이 되면 회색 털에 싸여 있던 찰피나무의 겨울눈이 검붉은 색으로 변하여 벌어진다. 벌어진 겨울눈 안에는 붉은빛이 도는 초록색 턱잎이 겨울눈을 한 번 더 감싸고 강낭콩처럼 부풀어 있다. 턱잎이 나갈 문을 열어 주면 뭉쳐 있던 작은 잎들이 터져 나온다. 찰피나무의 봄 잎은 햇살보다 부드럽고 수줍어 보이지만, 그 잎이 만든 가지는 무엇보다 질기다.

풍게나무

연보라색 긴 수염 같은 턱잎

지그재그로 굽은 가지에 착 달라붙어 있는 풍게나무의 겨울눈은 엄마 등의 아기처럼 붙어 있다. 봄이 되면 겨울눈은 똑바로 선다. 그때 눈을 감싸고 있던 비늘이 한 장 한 장 늘어나듯 길어지며 벌어진다. 벌어진 눈비늘 속에서 연보라색 긴 턱잎이 수염처럼 달린 잎과 가지가 전개된다. 새로 나오는 가지도 지그재그 모양이다. 지그재그로 뻗은 가지에 잎이 나는 이유는 모든 잎이 골고루 빛을 받기 위해서다.

눈비늘이 열리면
싹이 나고 꽃이 핀다

박쥐나무

날개를 활짝 펴다

4월 초순경이 되니 박쥐나무의 회색 겨울눈이 연갈색으로 바뀌었다. 그 연갈색 털로 뒤덮인 눈비늘이 벌어지면 두 장의 잎이 마주보고 포개진 상태로 나온다. 마치 초등학교 음악시간에 박자를 맞추던 캐스터네츠 같다. 시간이 지나면 포개져 있던 잎 사이로 가지와 꽃차례가 함께 나와 펼쳐진다. 햇살을 받은 박쥐나무의 잎맥은 박쥐의 날개 사이의 뼈같이 도드라져 보인다.

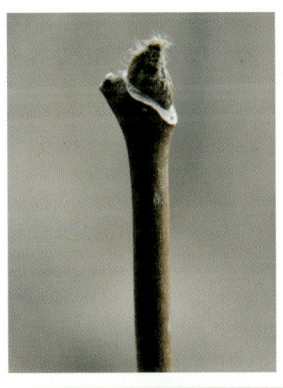

음나무

―――― 파이팅을 외치는 운동선수처럼 ――――

음나무의 눈비늘은 4월 초순에 자주색으로 생기를 머금는다. 눈비늘이 벌어지고 나온 겹잎은 결전을 앞둔 운동선수들 같다. 서로 어깨를 맞대고 파이팅을 외치며 결연한 눈빛을 교환한다. 그리고 각자의 위치로 돌아가 겹잎을 펼친다. 사방을 향해 뻗은 단단한 가시에 서린 팽팽한 긴장감은 올 한 해 잎들을 보호할 임무와 각오를 말해 주고 있다.

다릅나무

뽀얀 솜털을 뒤집어 쓴 새순

뽀얀 솜털을 뒤집어쓰고 나온 다릅나무의 새순은 옥색으로 빛난다. 솜털의 무게 때문인지, 봄 햇살에 눈이 부신지, 새순은 고개를 푹 숙이고 있다. 뾰족한 콩 모양인 다릅나무의 겨울눈은 갈색 눈비늘에 싸여 있는데, 이듬해 4월이 되면 겨울눈을 싸고 있던 그 눈비늘이 벌어진다. 눈비늘이 벌어지면 바로 노르스름한 턱잎도 벌어지며, 그 안에서 작은 겹잎이 일어나듯 전개된다. 마치 패션쇼 무대의 뒤편을 보는 것 같다.

마가목

하늘을 향해 날아가는 천마의 얼굴

히히히힝~ 울음소리를 내며 하늘로 날아가는 천마의 얼굴이 저렇게 생겼을까? 강인하게 생긴 마가목의 겨울눈이 검붉게 변하며 벌어지니 그 속에서 용트림하듯 새잎이 몸을 틀며 나온다. 틀었던 잎을 풀어 가는 과정 중에 보이는 모양이 영락없는 말의 얼굴이다. 그 얼굴이 서서히 펴지면서 하나의 축에 달리는 여러 장의 작은잎은 마치 달리는 말의 갈기 같다.

떡갈나무

묵은 잎 떨어지자 새잎

폭신한 잎을 달고 있던 떡갈나무가 봄기운이 도니 묵은 잎을 떨어뜨렸다. 그리고 각이 져 있던 겨울눈이 두툼하게 부풀어 오르고 눈비늘이 벌어진다. 그 속에서 뽀송한 털로 덮인 두툼한 잎이 나온다. 금방 나온 잎 가장자리의 분홍색 테두리가 독특하다. 잎을 밀고 나오는 굵은 가지에는 방울방울 수꽃차례가 늘어지고, 가지 끝에는 아주 작은 빨간색 암꽃이 숨은 듯 핀다. 그 깊은 곳 어딘가에서 도토리가 태어날 준비를 하고 있으리라.

아까시나무

조심성 많은 수줍은 나무

아까시나무는 생긴 것과 달리 유난히 겁이 많아 보인다. 그래서 무섭게 내 놓은 두 개의 가시 사이에, 그것도 부족해서 누런 막 속에 겨울눈을 숨겨 놓았다. 봄이 되면 겨우내 보이지 않던 잎 싹이 살며시 초록 고개를 내민다. 그리고 주변을 두리번두리번 살피다가 잽싸게 여러 장의 작은잎을 달고 있는 겹잎을 쑥 내미는 모습도 수줍다.

말발도리

돌화살촉 같은 모양

돌화살촉 모양으로 각이 지고 뾰족한 겨울눈을 달고 있는 말발도리의 가지는 활시위에 걸어 쏘면 과녁에 깊게 박힐 것 같다. 그러나 활시위를 팽팽히 당겨 쏜 화살은 날아가며 둥근 모양의 초록색 잎으로 변하여 싸움이 아닌 화해와 평화를 이루어 낸다. 공 모양으로 피는 하얀 꽃은 새가지 끝에서 핀다.

찔레꽃

붉디붉은 겨울눈

숲에서 자라는 찔레꽃은 흰색이고, 찔레꽃의 겨울눈은 붉은색이다. 굽은 가시 옆에 달린 찔레꽃 겨울눈이 앙증맞다. 봄이 되면 이 붉고 앙증맞게 생긴 겨울눈의 눈비늘이 벌어지면서 그 안에서 초록색 싹이 빼꼼히 고개를 내민다. 찔레꽃의 잎은 작은잎이 여러 장 달린 겹잎으로, 잎이 펼쳐지면 벌써 찔레꽃 향기가 기다려진다.

가죽나무

겨울눈계의 다크호스

호랑이 눈 같은 잎 떨어진 흔적이 새겨진 가죽나무가 보인다. 가죽나무의 잎 떨어진 흔적은 크고 밝아서 눈에 잘 띈다. 하지만 잎 떨어진 흔적 위에 달린 겨울눈은 작은 점 같아 눈에 잘 띄지 않는다. 이렇게 작고 존재감 없던 겨울눈은 봄기운이 돌면 붉은 눈깔사탕처럼 부풀면서 커진다. 겨울눈계의 다크호스가 나타난 것 같다. 이 다크호스는 초록색으로 변신하여 부풀고 또 부풀어 올라 커다란 겹잎으로 펼쳐진다. 이어지는 레이스에서는 단연 가죽나무가 1등이다.

층층나무

꽃 피듯 벌어지는 겨울눈

검붉은 가지에 검붉은 겨울눈을 달고 있는 층층나무. 층층나무에 물이 오르면 겨울눈은 맑은 빨강색으로 변한다. 그 빨간 겨울눈이 벌어지면 아기 잎이 까치발을 세우고 서서 키를 키우듯 고개를 들며 나온다. 다섯 장이 함께 모여 똑같이 키를 키우며 나온 잎은 그대로 벌어지며 펼쳐진다. 마치 연두색 '잎꽃'이 피어나는 듯하다.

두릅나무

짐 싸기 대장

깃털처럼 생긴 겹잎이 한 번 생기고 또 한 번 더 생기는 2회깃꼴겹잎인 두릅나무는 아마 우리나라 나무 중 가장 큰 잎을 만들 것이다. 외줄기로 뻗은 줄기가 그 큰 잎을 어떻게 달고 있는지 그저 신기하기만 하다. 이 두릅나무가 겨울에는 있는 듯 없는 듯한 겨울눈을 달고 있다. 초봄이 되어 겨울눈을 싸고 있던 눈비늘이 붉게 변하면서 벌어지면 그 속에서 잎 싹이 고개를 살짝 내밀며 주변을 두리번거린다. 나물 좋아하는 사람의 손에 꺾이지만 않는다면 아마 제 세상을 만난 듯 큰 잎을 펼칠 것이다.

신갈나무

눈비늘의 애틋한 마음

신갈나무 겨울눈의 눈비늘은 겨울눈과 헤어지는 것이 아쉬운 듯 겨울눈에서 가지가 길어지는 곳까지 따라 나와 배웅한다. 그리고 방울방울 길게 매달린 수꽃차례가 늘어지며 꽃가루를 날리고, 쭉 뻗은 가지에 달린 잎이 꽃의 수정을 돕기 위해 고개 숙이며 펼쳐진다. 그리고 가지 끝에 빨간 꽃을 피워 결혼을 시키고 나서야 자기 임무를 다 마쳤다는 듯 한 장 두 장 떨어진다.

왕머루

한쪽은 덩굴손, 한쪽은 겨울눈

외줄 타기 명인은 부채로 균형을 잡고, 폭포 위에서 줄을 타는 사람은 긴 장대로 균형을 유지한다. 왕머루의 겨울눈은 마주난 덩굴손으로 균형을 잡고 가지에 달려 있다. 가을에 잎은 떨어져도, 잎이 변한 덩굴손은 겨울눈과 함께 겨울을 난다. 봄에 겨울눈이 갈색 털로 변하고 벌어지면, 뽀송한 털로 덮인 분홍빛 도는 잎 싹이 나온다. 그리고 잎 싹이 펼쳐지면 갈라진 달걀 모양의 넓은 잎이 커진다. 그 잎은 자라서 겨울눈을 만들고, 겨울눈과 함께할 덩굴손을 또 만들 것이다.

은행나무

짧은 가지, 많은 잎

풍성했던 노란 단풍잎이 다 떨어진 은행나무는 다른 나무처럼 시원하게 뻗는 가지가 별로 없다. 다만 번데기처럼 주름 잡힌 단지가 많다. 그럼 그 풍성하게 나무를 감쌌던 잎들은 어디서 나온 걸까? 그건 단지 끝에서 여러 장의 잎이 뭉쳐 나오기 때문이다. 반원 모양으로 조그맣게 달린 겨울눈에서 그렇게 많은 잎이 나오는 것은 작은 고추가 맵듯 단지에 뭉쳐서 농축되어 있는 힘 때문인 것 같다.

참고문헌

— J.H.파브르, 《파브르 식물기》 두레, 2003
— 김진석·김태영, 《한국의 나무》, 돌베개, 2018
— 박상진, 《우리 나무 이름 사전》, 눌와, 2019
— 베른트 하인리히, 《동물들의 겨울나기》, 에코리브로, 2003
— 서영대·김재온, 《수목의 진단과 조치》, 두양사, 2014
— 우종영, 《나무 의사 큰손 할아버지》 사계절, 2005
— 우종영, 《바림》, 자연과생태, 2018
— 윤주복, 《겨울나무 쉽게 찾기》, 진선books, 2007
— 이경준, 《수목생리학》, 서울대학교출판부, 2011
— 이규배, 《식물 형태학》, 라이프사이언스, 2021
— 임효순·지옥영, 《식물 혹 보고서》, 자연과생태, 2015
— 존 도슨·롭 루카스, 《식물의 본성》, 지오북, 2014
— 최태영·최현명, 《야생동물 흔적 도감》, 돌베개, 2007
— 트리스탄 굴리, 《산책자를 위한 자연 수업》, 이케이북, 2017
— 피터 H. 레이놀즈, 《점》, 문학동네, 2003
— 허운홍, 《나방 애벌레 도감》, 자연과생태, 2012

나무 찾아보기

ㄱ

가래나무 61, 85, 369
가죽나무 61, 389
갈참나무 195, 200, 202
개박달나무 280
개살구나무 52, 190
개암나무 49, 66, 76, 94
개옻나무 54, 61, 75, 77, 79, 85, 140
고광나무 82, 83, 246
고욤나무 55
고추나무 242
광대싸리 296
국수나무 49, 80, 98, 228
굴참나무 52, 190, 195
굴피나무 77, 208, 214
귀룽나무 54, 334
까치박달 71, 182, 366

ㄷ

다래류 51, 81, 240
다릅나무 205, 383
담쟁이덩굴 51
당단풍나무 63, 78, 82, 132, 316, 347, 375
덜꿩나무 60, 63, 78, 234, 325
두릅나무 62, 67, 68, 391
등나무 51, 92
때죽나무 52, 85, 165, 169, 170, 185, 203, 251
떡갈나무 132, 195, 265, 385

ㄹ

리기다소나무 89, 120, 122

ㄴ

나래회나무 292
네군도단풍 338
노린재나무 244
노박덩굴 51, 308
누리장나무 60, 61, 62, 66, 130
느릅나무 78, 79, 103, 206

ㅁ

마가목 63, 302, 358, 384
말발도리 387
매화말발도리 66, 72, 78, 249, 254
목련 64, 71, 110, 376
물박달나무 53, 198
물오리나무 60, 76, 86, 112, 144, 248, 325, 367

물푸레나무 55, 61, 71, 75, 77, 79,
　　　　325, 342
미역줄나무 268

신나무 180

ㅇ

아까시나무 52, 54, 67, 68, 81, 120,
　　　　122, 203, 240, 386
야광나무 67
양버즘나무 52, 82
올괴불나무 57, 72, 192
왕머루 69, 393
은행나무 50, 59, 62, 394
음나무 67, 382
이스라지 80, 114
일본목련 74, 77, 84, 377

ㅂ

박쥐나무 82, 177, 381
밤나무 54, 55, 56, 63, 64, 103
병꽃나무 49, 232
복사나무 65, 80, 112
붉나무 63, 85, 134
비목나무 86, 161, 222

ㅈ

자주조희풀 322
작살나무 85, 86, 146
잣나무 77, 186
졸참나무 195, 312, 314
중국굴피나무 85, 338
진달래 65, 72, 73, 142, 266, 325, 364
짝자래나무 67, 300
쪽동백나무 32, 50, 52, 53, 65, 80, 82,
　　　　83, 85, 251, 371
찔레꽃 49, 60, 65, 125, 228, 388

ㅅ

산딸기 51, 52, 65
산딸나무 318
산벚나무 304
산사나무 67, 294, 300
산앵도나무 352
산초나무 60, 67, 128, 219
상수리나무 50, 195
생강나무 72, 73, 74, 79, 86, 148,
　　　　194, 251, 325, 363
서어나무 53, 76, 182
소나무 18, 52, 53, 77, 159, 284, 306,
　　　　314, 316
소태나무 61, 85, 236, 370
시닥나무 350, 373
신갈나무 71, 75, 84, 172, 195, 262,
　　　　315, 325, 392

ㅊ

찰피나무 208, 211, 214, 378
참개암나무 76, 94, 174, 176
참빗살나무 56, 65, 328
참조팝나무 282
참회나무 292
철쭉 60, 142, 266
청가시덩굴 67, 69, 138
청미래덩굴 51, 67, 69, 82, 83, 138, 152, 155
초피나무 67, 219
층층나무 65, 74, 115, 315, 390
칠엽수 54, 71, 77, 84, 108
칡 60, 62, 64, 66, 228

ㅎ

함박꽃나무 238
헛개나무 216
회나무 292

ㅋ

콩배나무 106

ㅌ

털개회나무 78, 276, 298

ㅍ

팥배나무 59, 257
풍게나무 162, 379
피나무 208

겨울나무의 시간 흔적을 찾아 떠나는 겨울 숲

글·사진·그림 손종례

1판 1쇄 펴낸날 2022년 12월 30일
1판 2쇄 펴낸날 2023년 12월 30일

펴낸이 전은정
펴낸곳 목수책방
출판신고 제25100-2013-000021호
대표전화 070 8151 4255
팩시밀리 0303 3440 7277

이메일 moonlittree@naver.com
블로그 post.naver.com/moonlittree
페이스북 moksubooks
인스타그램 moksubooks
스마트스토어 smartstore.naver.com/moksubooks

디자인 studio fttg
제작 야진북스

Copyright ⓒ 2022 손종례
이 책은 저자 손종례와 목수책방의 독점 계약에 의해 출간되었으므로
이 책에 실린 내용의 무단 전재와 무단 복제, 광전자 매체 수록을 금합니다.

ISBN 979-11-88806-37-9 (03480)
가격 25,000원